应用型本科计算机类专业系列教材

应用型高校计算机学科建设专家委员会组织编写

软件工程专业导论

主　编　于启红　刘　杰

副主编　汤　亮　郑步芹　王　璐

　　　　李　云　姚　耀

南京大学出版社

内容提要

本书介绍了软件工程的基本概念和主要知识领域,解读了软件工程专业的人才培养方案,分析了学生编程实践能力提升途径,阐述了程序设计原则,介绍了算法的基本思想,描述了软件构造的主要要素,介绍了软件新技术及就业前景。用真实的软件设计案例,说明如何综合运用所学知识独立完成一个软件作品。

本书适合作为软件工程专业大学一年级的专业教育学习用书,也可为软件工程、计算机科学与技术等专业的本科生做毕业设计提供参考。

图书在版编目(CIP)数据

软件工程专业导论/于启红,刘杰主编. —南京:
南京大学出版社,2021.8(2023.8 重印)
ISBN 978-7-305-24770-5

Ⅰ.①软… Ⅱ.①于… ②刘… Ⅲ.①软件工程—高
等学校—教材 Ⅳ.①TP311.5

中国版本图书馆 CIP 数据核字(2021)第 143433 号

出版发行 南京大学出版社
社　　址 南京市汉口路 22 号　　　　邮　　编 210093
出 版 人 王文军

书　　名 软件工程专业导论
主　　编 于启红 刘 杰
责任编辑 苗庆松　　　　　　编辑热线 025-83592655

照　　排 南京开卷文化传媒有限公司
印　　刷 常州市武进第三印刷有限公司
开　　本 787×1092 1/16 印张 13 字数 320 千
版　　次 2021 年 8 月第 1 版　　2023 年 8 月第 2 次印刷
ISBN　978-7-305-24770-5
定　　价 39.80 元

网　　址:http://www.njupco.com
官方微博:http://weibo.com/njupco
微信服务号:NJUyuexue
销售咨询热线:(025)83594756

前　言

在对软件工程专业进行"专业导论"课程教学过程中,发现大多数教材是主要从知识体系角度阐述软件开发过程各阶段的知识需求,较少涉及"专业教育"及"软件"成品有关的介绍。基于此,我们在本书进行了创新尝试,既介绍软件专业的概况,体现专业概论的思想;也对专业人才培养方案进行解读,对课程体系进行解析;同时还指导学生正确规划专业课程学习。

本书体现"案例教学"魅力,以软件设计案例体现知识体系,指出相关必学知识。本书的使用对象主要为本科一年级学生,考虑到该年级学生尚未掌握太多的专业知识,对较深入的专业词汇和知识理解可能有难度,因此精挑细选适合大一学生阅读的软件作品。为既能体现案例的真实性和完整性,又不能让学生学习时有太多的障碍,特对案例进行适当必要的解读。

本书可作为软件工程专业教育学习用书。编写组由宿迁学院牵头,成员来自宿迁学院、陆军工程大学训练基地、宿迁高等师范学校,有多年从事软件工程专业教学和实践经验,结合近几年的"专业导论"教学经验,并参考借鉴了国内外同行的宝贵经验,编写本书。本书由于启红、刘杰主编,负责全书的统筹规划,汤亮、郑步芹、王璐、李云、姚耀等担任副主编,全书由于启红统稿。

本书在编写和出版过程中得到了宿迁学院教务处吴邵兵处长、科技处韩军处长以及信息工程学院李国栋院长的大力支持,石鲁生副院长对本书的构思给予了很多有益的建议,陈林副院长对创新创业部分提出了独到的见解,万娟书记和王顶娟老师提供了大量宝贵的学籍管理规定原始资料,蔡黎明同学提供了软件作品原稿,淮阴师范学院李宗花老师对书稿提出了宝贵建议。在此,对他们给予的帮助和支持表示衷心的感谢!

尽管我们使出洪荒之力,但由于水平所限,加之时间仓促,书中缺点和错误在所难免,恳请各位专家、同行不吝赐教,具体建议和意见请联系于启红(qihong-yu@163.com),以便于我们持续改进。

编　者

2021 年 7 月

目　录

第1章

软件工程概述

 **本章导读**

软件工程曾经是现代计算机学科领域的一个重要分支,现已发展成一个独立的学科。软件应用于生产生活的各个领域,本章讲解软件的历史和发展趋势、软件工程的基本概念以及软件的学科范畴和知识体系。

本章主要知识点

➢ 知识点1 软件的作用与本质
➢ 知识点2 软件工程的发展历程
➢ 知识点3 软件工程的知识体系

1.1 软件的基本概念

1.1.1 软件的概念

在信息时代的今天,各行各业都在不同程度地使用计算机。随着计算机技术不断应用于社会生活、生产与科研等领域,用户与硬件之间一直需要有效的接口,这个接口就是软件。软件起初是指按照一定顺序组织的指令与计算机程序的集合,目的是方便用户与计算机交流。当前,随着程序的不断复杂化,还需要对程序功能进行描述以及对操作步骤进行说明。这样的话软件就包含与计算机系统操作有关的程序、规程、规则以及可能有的文件、文档和数据。简言之,软件是程序、数据、文档的有机整体。

1.1.2 软件发展历史

软件的发展与计算机技术和软件开发工具(编程语言)的发展息息相关,几乎是作为计算机的孪生兄弟一起发展的。从 1946 年第一台计算机问世以来,软件的发展经历了如下三个阶段。

1. 低级语言时代

这个时期大概经历了 10 年左右的时间(1946—1956),这一时期,计算机体积大(占地可能达到上百平方米、有的重达 10 余吨)、可靠性差、功耗高、内存小、速度慢,主要应用于科学计算和国防领域。这一时期的程序采用机器语言(由 0 与 1 组成的二进制代码)和汇编语言编写,一般是针对某个特定的科学计算问题,程序设计者一般都精通某个领域的知识。编写程序需要依赖于具体的计算机硬件,程序只能在某个特定的计算机上运行、不可移植且修改困难。在编程语言经历了机器语言、汇编语言等更新之后,人们发现了限制程序推广的关键因素——程序的可移植性。因此需要设计一个不依赖计算机硬件、可以在不同机器上运行的程序。

2. 高级语言时代

这个时代从 20 世纪 50 年代后期开始到 20 世纪 60 年代中后期结束(1956—1968)。这一时期,计算机运算性能由于集成电路的使用而逐步提升,使得原先占地上百平方米的庞大计算机,可以被只有火柴盒大小的一块微处理器所代替。高速度、大容量计算机开始出现。此外,这一时期高级编程语言开始出现,比如 1954 年世界上第一种广为使用的高级程序设计语言 FORTRAN 问世了,1956 年 10 月 FORTRAN 语言第一个编程指南发布,标志着它被广泛认可。此时,程序设计不需要依赖计算机硬件、可以在不同机器上执行。高级编程语言可读性强,能够更好地描述需要的算法、灵活地体现程序功能。此外,FORTRAN 语言类似于自然语言和数学语言,很容易被初学者学习,软件设计相对容易。程序设计者只需重点掌握编程语言即可,对专业领域知识的要求逐渐降低。与此同时,随着计算机的日益普及,软件的需求也逐渐增多,软件自身也逐渐变得复杂,有的程序需要多人合作才能完成。但是,因为管理技术落后、软件开发方式陈旧,一些软件出现了无法满足需求的状况,甚至开始出现了"软件危机"。

3. 软件工程时代

这个时代从 1968 年开始至今,这一时期,随着电子技术的进步,微型机在 20 世纪 60 年代后期开始出现并逐步流行,直到现在达到普及化,另一方面微型机性能越来越好,使用越来越方便,众多中小企业可以方便地购买微型机并使用。相应地,软件功能需求越来越多样化,应用领域越来越广,应用场景越来越多。特别是一些大型软件的复杂度和规模急剧上升。由于大型软件开发是一项系统性的任务,采用个体方式效率低、可靠性差,而且难以完成任务,必须采用工程化方法才能高质量和高效率开发软件,因而在 1968 年的大西洋公约组织的学术会议上提出软件工程概念,强调用工程化的思想来解决软件开发问题。随着软件领域新特点的不断出现,软件工程发展主要经历瀑布模型、迭代模型和敏捷开发等阶段。

1.1.3 软件的属性

软件是一种无形的产品,没有具体的形态,只有通过软件的运行才能了解它的功能与质量。

软件具有复用性,软件一旦被开发出来,就很容易被复制。

软件可能存在技术缺陷,需要不断维护和改进,或者技术更新,但是与一般有形产品存在损耗相比,软件没有损耗。

软件是由软件工程师通过掌握的技术,进行逻辑思考和智力活动得到的体现脑力劳动的产品。软件充分体现了开发者的脑力活动。软件的开发者享有软件的知识产权。

软件的开发与运行需要依赖硬件,为了降低对硬件的依赖性,一般要考虑软件的可移植性。

1.1.4　软件分类

1. 按应用范围划分

一般来说,如果按照软件的应用范围来划分的话,可以把软件分为系统软件和应用软件两大类。

（1）系统软件

系统软件为使用计算机提供最基本的功能,控制、协调计算机及外部设备,为应用软件开发与运行提供支持。系统软件主要包括操作系统、支撑软件等。

操作系统是计算机系统的核心,是用户与计算机系统之间的接口。操作系统管理计算机硬件、软件资源,管理与分配内存、进程调度、输入输出设备、文件系统等。常见的操作系统种类有针对计算机的 Windows、Linux、Unix 等系统,针对手机的 Android、iOS 等系统。

支撑软件也叫软件开发环境,是一组相关的软件工具集合,按照一定的软件开发模型组织,支持相关的软件开发方法,主要功能是为软件的开发和维护提供支撑,又称为软件开发环境（SDE）。主要包括数据库系统、各种编程语言、编译器等,也包含工具组件和接口软件。比如 IBM 公司的 WebSphere Studio、微软公司的 Visual Studio 等。

（2）应用软件

应用软件是根据特定的用户需求、特定的领域或某些共性的需求而开发的软件。可以分为通用软件和专用软件。

通用软件一般是为解决某种共性问题而开发的。比如办公自动化软件（金山公司的WPS Office,微软公司的 Microsoft Office 系列软件等）、图像处理软件（Photoshop 等）、绘图软件等。

专用软件一般是针对不同行业或企业开发的具有特定功能的软件。比如工业控制软件、财务管理软件、辅助教育软件、科学数据处理软件等。

2. 按授权类别来分

软件设计是软件开发者智力活动的充分体现,因此开发者对软件享有无可争辩的知识产权。因此,用户必须在合法的授权下才能使用相应的软件。根据授权方式不同,可以分为以下几类。

专有软件:此类软件是软件公司的私有财产,源码一般是严格保密的,未经允许不能复制、修改与散布。

开源软件:一般为了软件功能不断地丰富和强大,开发者同意将源代码公开出来,允许其他设计者研究与改进,通常只作少许的限制,比如 Linux 等。

共享软件:通常用户可以免费获得软件基本功能的使用权且可以自由传播它,付费用户才能获得功能完整的软件版本。

免费软件:用户没法获得软件源代码,但可以免费获取、使用和转载软件。

公开软件:软件拥有者放弃对软件的所有权利,用户可以自由使用。

1.2 软件工程基本概念

1.2.1 软件危机

1960 年代中期开始出现"软件作坊",专门为有需求的用户编写软件,软件也逐渐转化为产品了。但是由于软件系统复杂度逐步提高、规模越来越大且没有正确理论指导,加之用户需求可能还不明确,最终软件开发进度非常难以控制、开发成本逐渐增长、维护困难,导致软件质量差。因此为了提高软件的开发效率,软件生产方式急切需要改变,"软件危机"因此爆发。

1.2.2 软件工程时代

为了解决软件危机,1968 年北大西洋公约组织在联邦德国的国际学术会议上提出了"软件工程"一词,标志着软件工程作为独立学科的诞生。软件危机可以概括为两个方面问题:(1)如何开发软件,来满足日趋复杂、不断增长的需求;(2)如何维护数量暴增的软件产品。为了解决这个问题,提出了软件工程的概念。既要正确的方法和高效的工具,也要有相应的组织管理方法。软件工程就是从技术与管理两方面研究如何更好地开发、维护软件的一门学科。

软件工程是一门研究用工程化方法构建与维护高质量的实用、有效软件的学科。它涉及系统平台、开发工具、数据库、程序设计语言、设计模式、标准等多个方面。

经过近半个世纪的发展,软件工程得到了很大的发展。中国科学院杨芙清院士在报告中指出,1970 年代程序设计方法学成为热点,1980 年代软件设计方法成为研究热点,1990年代软件构件和软件复用技术成为研究热点,2000 年代软件构件库的建立得到极大关注,2010 年代智能化开发技术、高可信软件技术、网构软件技术得到广泛关注。

1.3 软件工程专业简介

1.3.1 软件工程专业由来

软件工程被提出以来后,经过半个世纪的发展,已经形成较为完善的基础理论、技术体系与工程方法的学科体系。从 1994 年开始,美国电子电气工程师学会持续研究软件工程知识体系(SWEBOK),在很大程度上促进了软件工程教育体系的完善和学科建设,为软件工程成为独立学科做出了卓越的工作,为世界上很多国家开展软件工程教育和课程体系建设提供了重要的参考依据。

在我国,随着信息化建设进程的不断推进,对软件人才需求不断增长,软件工程专业建设和学科发展突飞猛进。1988 年,部分高校试办软件工程专业本科专业。1996 年,个别高校开始招收软件工程方面的硕士研究生。1997 年,国家公布了软件工程专业目录。2001 年,国家批准了试办 35 所软件学院,极大促进了我国软件工程教育体系的完善。2005 年,教育部决定在高等学校计算机科学与技术教学指导委员会中成立软件工程专业教学指导分委员会,标志软件工程专业逐步从计算机学科大类中独立出来。2011 年,软件工程正式独立为一级学科,对我国软件工程教育和软件学科发展具有里程碑的意义,软件工程影响逐步扩大,软件工程学科科学内涵不断延展,应用场景逐步广泛。2012 年,软件工程专业成为我国高等教育基本专业之一。2013 年,教育部将软件工程专业教学指导分委员会从计算机科学与技术教学指导委员会中分离出来,单独设立教育部软件工程专业教学指导委员会。

现在,我国绝大部分理工科高校都开办了软件工程专业或建立了软件学院。

软件工程兼具科学与工程的特点,软件工程学科与相关的很多学科和多个行业都有交叉性。高等院校和软件企业紧密合作也是当前软件工程教育的一个重要特点。不同的学校采取不同的合作模式,合作的深入程度不尽相同。

1.3.2　我校软件工程专业发展历史

我校软件工程专业始建于 2008 年,2008 至 2011 年与江苏大学联建,2012 至 2013 年与江苏大学京江学院联建;2014 年由宿迁学院独立招生,2016 年至今先后与南京达内、北京中关村软件园等软件企业合作开展"嵌入式"人才培养;2017 年顺利通过新设专业合格评审,并于 2018 年通过江苏省学士学位授权专业增列评审;2017 年被遴选为首批校级品牌专业,2019 年成为江苏省一流本科专业建设点。

1.4　软件工程学科范畴及知识体系

1.4.1　软件工程学科

软件工程包含软件工程领域的基础理论、工程方法与技术体系,为软件产业的发展提供了理论、技术与人才支撑。

软件工程学科具有完善的教育体系。2010 年软件工程专业教学指导分委员会编制了《高等学校软件工程本科专业规范》,此规范明确提出了我国软件工程专业本科教育的人才培养目标:软件工程的本科教育重点培养软件工程学科的基础知识和基本实践能力,培养德、智、体、美全面发展,掌握自然科学和人文社科基础知识、计算机科学基础理论、软件工程专业及应用知识,具有软件开发能力,具有软件开发实践的初步经验和项目组织的基本能力,具有初步的创新、创业意识,具有竞争和团队精神,具有良好的外语运用能力,能适应技术进步和社会需求变化的高素质软件工程专门人才。

《高等学校软件工程本科专业规范》还对软件工程学科的知识体系、课程体系、实践能力培养体系、创新训练体系、软件工程应用、办学条件及主要参考指标等内容进行了概要性阐述,该规范对软件工程专业的建设具有很好的指导作用。

1.4.2　软件工程知识体系

软件工程学科具有系统的知识体系。教育部高等学校软件工程专业教学指导委员会在《软件工程知识体系》(SWEBOK 3.0)和《软件工程教育知识体系》(SEEK)的基础上,总结我国软件工程学科与软件工程教育发展的经验,提出具有中国特色的中国版软件工程知识体系(C-SWEBOK)。

C-SWEBOK 共包含软件需求、软件设计、软件构造、软件测试、软件维护、软件配置管理、软件工程管理、软件工程模型与方法、软件工程过程、软件质量、软件工程经济学、软件服务工程、软件工程典型应用、软件工程职业实践、计算基础、工程基础、数学基础等 17 个知识领域。

C-SWEBOK 对国内高校软件工程专业的本科教学和人才培养具有指导意义。不同类型高校一般在制定专业人才培养方案、课程体系、教学大纲和教学内容时,一般都以此为重要参考资料。

1. 软件需求知识领域

软件需求知识领域涉及软件需求的获取、分析、规约和确认,以及整个软件产品生命周期过程中的需求管理,描述了对于软件产品的要求和约束。软件需求如果做得不好,则软件工程项目很容易失败。软件需求知识领域包括软件需求基础、需求过程、需求获取、需求分析、需求规约、需求验证、需求相关的实际考虑以及软件需求工具等知识单元。

软件需求知识领域与软件设计、软件测试、软件维护、软件配置管理、软件工程管理、软件工程过程、软件工程模型和方法、软件质量等知识领域紧密相关。

2. 软件设计知识领域

软件设计是软件工程生命周期中的一个活动,它分析软件需求,产生软件内部结构的描述,作为软件构造的基础。更精确地说,软件设计的结果应描述软件体系结构(即软件如何分解为一系列组件,以及这些组件之间的接口)和各组件(以便后续指导这些组件的构造)。软件设计由处于软件需求和软件构造之间的两个活动组成:软件体系结构设计(又称为高层设计),用来设计和描述软件的高层体系结构,识别出各种组件;软件详细设计,用于详细设计和描述各个组件。软件设计在软件开发中起着重要作用。在设计阶段,软件工程师构建各种模型,完成方案的蓝图。通过分析和评价这些模型以确定它们是否能够充分支持各种需求的实现。通过检查和评价各种不同的候选设计方案,进行权衡以选择最合适的设计方案。除了作为构造和测试的输入和起始点之外,还可以使用这些模型来规划后续的其他开发活动(如验证与确认等)。

软件设计知识领域与软件需求、软件构造、软件工程管理、软件工程模型与方法、软件质量与计算基础等知识领域密切相关。

3. 软件构造知识领域

软件构造是指通过程序编写、验证、单元测试、集成测试和调试纠错等一系列活动,以创建可工作的、有意义的软件的过程。软件构造知识领域与所有知识领域都有关系,但与软件设计和软件测试知识领域关系最为紧密:软件构造的输入是设计的输出,而构造的输出又是测试的输入,设计、构造和测试这三者之间的边界并不十分清晰,取决于不同软件生命周期模型的不同定义。例如,详细设计可能先于软件构造,但也有很多设计工作是在构造活动中完成的;类似的,无论是单元测试还是集成测试,都可能伴随着构造过程来进行。软件构造还与软件配置管理知识领域有关系,构造过程中产生很多配置项,而这些配置项都需进行良好的管理。软件构造还与软件质量知识领域有关系,这是因为代码是最终的交付产品,而代码的质量直接影响着软件的质量。软件构造与计算基础知识领域也有关系,是因为软件构造需要算法和编程实践方面的知识。

软件构造知识领域包括的知识单元有软件构造基础、管理软件构造、实际考虑构造技术和软件构造工具。

4. 软件测试知识领域

软件测试是动态验证程序针对有限的测试用例集是否可以产生期望的结果。这些测试用例集是从程序执行域的无限种可能中以某种适当的方式精心选择出来的:任何程序的完全测试集都可能是无穷的,软件测试只能根据特定的优先级评判准则选择一个有限的子集并在其上进行测试。现有的各种软件测试技术之间的主要差别就在于如何选择这个有限测试集。"动态"意味着软件测试总是在选定的输入上执行程序,且需通过特定方法来确认被测程序的输出是否可接受,即是否与"期望"相符。许多软件开发组织进行软件质量保障的方法以预防为主,目的是尽可能避免在程序中引入错误,而不是发现错误之后再加以纠正。因此,软件测试既可看作是检验软件功能和质量的一种手段,也可看作是在未能有效预防错误时从软件中发现故障的手段。需要澄清的是,即使在经过大量的测试之后,软件中仍然可能会存在故障。软件提交之后发现的故障一般由纠错性维护来处理。

软件测试知识领域包括的知识单元有软件测试基础、软件测试级别、软件测试技术、软件测试度量、软件测试过程、软件测试工具等。

5. 软件维护知识领域

软件开发工作的结果是交付满足用户需求的软件产品。软件一旦投入运行,随着运行环境的变化以及用户新需求的出现,软件产品也需要随之变更或演化。在软件生命周期中,维护阶段从保修期或软件交付开始,但维护活动则会出现得更早。软件维护是以成本有效的方式为软件提供的全部支持性活动,这些活动在软件交付之前或交付之后进行。交付之前的活动包括为交付软件之后的运行和维护所做的计划,以及为各类变化所做的后勤支持方案。交付后的活动包括软件修改、用户培训、给用户提供技术支持等。

软件维护知识领域包括软件维护基础、软件维护关键问题、软件维护过程、软件维护技术和软件维护工具等,它与软件工程的方方面面都密切相关。

6. 软件配置管理知识领域

软件配置管理标识软件的各组成部分,对各部分的变更进行管控(版本管理与控制),维护各组成部分之间的联系,使得软件在开发过程中任一时刻的状态都可被追溯。软件配置管理包括软件配置管理过程的管理、软件配置标识、软件配置控制、软件配置状态核定、软件配置审计、软件发布管理与交付、软件配置管理工具等。

7. 软件工程管理知识领域

软件工程管理是通过规划、协调、测量、监督、控制和报告等管理活动,保证有效提交软件产品和软件工程服务,使干系人得益。从某种意义上来说,可以像管理其他复杂事情一样来管理软件工程项目。但是软件工程产品和软件生命周期过程有其独特的方面,这使得管理变得复杂。软件工程管理包含三个层次的活动:组织和基础设施管理、项目管理和度量。

项目管理知识领域包括的相关知识:项目整合管理、项目范围管理、项目时间管理、项目成本管理、项目质量管理、项目人力资源管理、项目沟通管理、项目风险管理、项目采购管理和项目干系人管理。

8. 软件工程模型与方法知识领域

软件工程模型与方法为软件工程建立了重要基础,使得软件工程的活动系统化、可重用并最终更加成功,也使得软件产品具有可移植性和可复用性等关键特征。软件工程模型与方法所讨论的内容广泛,既关注软件生命周期的特定阶段,也涵盖整个软件生命周期。本知识领域贯穿软件生命周期多个阶段的模型与方法。软件工程模型与方法知识领域主要包括建模方法、模型类型、模型分析和软件工程方法。

9. 软件工程过程知识领域

软件工程过程是软件工程师设计出的一系列工作活动,其目的是为了开发、维护和操作软件,涉及需求、设计、构建、测试、配置管理和其他过程。软件工程过程也可简称为软件过程,包含软件过程定义、软件生命周期、软件过程的评估和改进、软件度量、软件工程过程工具等。

10. 软件质量知识领域

软件质量指软件满足用户指定需求或期望的程度。软件质量知识领域在软件工程知识领域中占有重要地位,因为软件工程实践中所包含的过程、方法和工具,最终都可以聚焦在软件质量上。软件质量管理是一系列过程的集合,这些过程确保软件产品、服务和生命周期过程既能满足软件质量目标,又能实现利益相关者的满意度。

软件质量知识领域包括软件质量基础、软件质量管理过程、实际情况(软件质量需求等)、软件质量工具等。

11. 软件工程经济学知识领域

软件工程经济学主要研究软件和软件工程经济效果。它以软件或软件载体作为研究对象,以追求投入产出效益为目标,通过测算项目全生命周期的投入与产出,衡量实现软件产品、信息服务及作业预定需求之各类资源的使用效率,以提高软件工程经济效益。

软件工程经济学知识领域包括软件工程经济学基础,软件生命周期的投入与产出,评估模型、方法与参数,风险与不确定性和实践考量等。

12. 软件服务工程知识领域

软件服务工程研究软件服务工程原理、方法和技术,构建支持软件服务系统的基础设施和平台,主要包括软件服务系统体系结构、软件服务业务过程、软件服务工程方法、软件服务运行支撑等内容。

13. 软件工程典型应用知识领域

软件工程典型应用有网络软件与应用、企业信息系统与数据分析、电子商务与互联网金融、信息安全与安全软件、嵌入式软件与应用、多媒体与游戏软件、中文信息处理系统、典型行业应用软件。

14. 软件工程职业实践知识领域

软件工程职业实践包括软件职业技能、企业中软件开发与管理实践、沟通技巧、团队动力和心理学。软件工程职业技能是指在软件相关环境中合理、有效地运用专业知识、职业价值观、道德与态度等各种能力,包括智力技能、技术和功能技能、个人技能、人际和沟通技能、组织和企业管理技能等。

软件工程专业教育通常需要让学生或受教育者到软件企业进行实际体验和实践训练(如实习、实训等),以熟悉和学习企业的理念、生产、经营、管理、环境、文化等,涉及企业特定软件开发实践、开源软件开发实践、软件企业开发过程管理实践、软件企业项目管理实践、软件企业经营管理实践、企业实习与实训、企业文化体验、企业团队合作实践等,提高受教育者的软件工程职业素养。企业实践活动可以使学生根据所学课程的理论知识,结合企业的运营实际,掌握软件开发的一般过程、软件的生命周期和作为一个开发人员应该具备的基本能力,使学生进一步巩固所学理论知识,同时提高观察问题、分析问题、解决问题的能力。

15. 计算基础知识领域

计算基础知识领域涵盖软件运行所涉及的开发与操作环境。计算机及其软硬件的基本原理是软件工程专业的基础知识,软件工程专业需要对计算机科学知识有很好的理解。

计算基础知识领域的大部分内容也是计算机科学专业的本科生基础课程中的内容。这些课程包括编程、数据机构、算法、计算机组成、操作系统、编译器、数据库、网络、分布式系统等。因此,相关的课程中都会涉及本知识领域所列的知识点。

16. 工程基础知识领域

随着软件工程理论与实践的日益成熟,软件工程逐渐成为基于知识和技能的工程学科的重要成员。软件工程基础知识领域包括实证方法与实验技术、统计分析、测量、工程设计、建模、原型与仿真、标准、根本原因分析等。正确应用上述知识,将有助于软件工程师更加高效地开发与维护软件。

17. 数学基础知识领域

数学基础知识能够帮助软件工程师理解程序中的逻辑流程,并将整个流程转换成能够正确运行的程序代码。本知识领域中数学的重点在于逻辑和推理能力的培养。而对于软件工程师来说,逻辑和推理能力是必不可少的。数学可以理解为形式化系统。软件工程师不仅要熟知数学公式的精确描述,而且要具备对各种应用场景进行精确抽象的能力。

本专业需要的数学基础知识领域涵盖许多基本的数学知识与相关技术,这些知识与技术能够定义与刻画一系列用来进行上下文推理的规则系统,而能够用这些规则进行推断的事务则存在于该系统的上下文中。这些知识将帮助我们为这个问题编写一个正确的程序。

小　结

通过本章学习,可以知道什么是软件,了解软件、软件工程的发展历程,知晓软件工程的知识体系和学科范畴。

习　题

1. 软件的发展历程是什么?
2. 软件和软件工程的区别是什么?
3. 软件工程的知识体系由哪几部分构成?

【微信扫码】
相关资源

第2章

人才培养路径图

 **本章导读**

　　人才培养方案是人才培养的根本性文件,是人才培养的依据和指南。本章介绍软件工程专业人才培养方案,并解析课程体系、核心课程与能力培养体系,旨在帮助同学们制定学习规划。

 本章主要知识点

➢ 知识点1　人才培养方案
➢ 知识点2　课程体系
➢ 知识点3　能力培养体系

2.1　人才培养方案

2.1.1　培养目标

　　本专业适应江苏及周边地区经济社会发展,培养德智体美劳全面发展、服务软件工程高级应用型人才,培养的学生具有良好的科学素养、人文素养和社会责任感,能够掌握软件工程技术基本原理,并运用于较复杂的软件工程实践;能够从多学科交叉的角度分析不同领域的需求,并设计软件系统方案;能在Java大数据开发、Web前端开发相关的软件系统中发挥主要作用;能够理解软件发展对社会的重要影响,并在软件系统设计中予以评估;能够理解并履行软件工程师职业相关法律、法规;在工作中表现出良好的道德素质和职业素养,具备较好的团队协作精神,在软件工程领域具有较强的职场竞争力;在所从事的领域能够成为核心骨干、具有组织领导能力和创新精神。

本专业培养学生毕业 5 年左右在社会和专业领域应达到的具体目标包括：

目标 1：重视价值引导和优秀传统文化的传承，能够自觉弘扬和践行社会主义核心价值观，不断增强"四个自信"。热爱祖国，拥护中国共产党的领导，树立科学的世界观、人生观、价值观；具有责任心和社会责任感；具有法律意识，自觉遵守法纪；热爱本专业，注重职业道德修养；具有诚信意识。

目标 2：具有抽象逻辑思维素养。掌握科学的软件设计思维方法、规范的软件编码方法，具备良好的软件开发、软件测试、系统集成等素养；具有严谨的科学态度和务实的工作作风。

目标 3：具备独立设计软件架构的能力。具有将软件工程的基础知识、基本方法和工具应用于软件编程、项目管理等方面能力；具有良好的工程素养，具有软件需求分析、设计、构造、测试、维护、项目管理等能力，能够在软件开发过程中选择和使用合适的工具，具备根据软件工程规范从事软件编程实践的能力。

目标 4：具有良好的人际沟通和抗挫折能力。具有团队精神，服从团队分工，透彻理解项目的分层架构和模块。具有较强的英语阅读和中文写作能力，能与业界同行及社会公众进行有效沟通和清晰交流。

目标 5：具备运用工具检索资料、获取信息的能力，具有自主学习和终身学习能力，具有拓展自己和适应学科发展的能力等。具有创新、创业精神与团队精神，在软件研发、工程设计和实践等方面具有一定的创新意识和能力。

2.1.2　毕业要求

本专业围绕学校应用型本科高校办学定位，开展适应软件行业发展需要的宽口径人才培养。学生应掌握软件工程专业基本理论，具备分析、设计、实现和测试较复杂软件系统的工程实践能力。通过专业学习，毕业生应该获得的知识、具备的素质与能力如下：

（1）工程知识。能够将数学、自然科学、工程基础和专业知识用于解决软件需求及软件设计、软件约束等复杂软件工程问题。

（2）问题分析。能够应用数学、自然科学和工程科学的基本原理，识别、表达，并通过文献研究分析软件需求、软件体系结构设计、软件测试和维护等工程问题，以获得较好的软件质量等。

（3）设计/开发解决方案。能够设计针对软件架构、软件设计等复杂工程问题的解决方案，设计满足特定需求的软件系统，并能够在软件设计、编程实现、软件配置、软件测试、项目管理等环节中体现创新意识，考虑社会、健康、安全、法律、文化以及环境等因素。

（4）研究。能够基于科学原理并采用科学方法对软件设计与编程复杂工程问题进行研究，包括软件需求分析、软件设计、软件测试与编码、软件维护等，并通过信息综合得到合理有效的结论。

（5）使用现代工具。能够针对复杂软件工程问题，开发、选择与使用恰当的技术、资源、现代工程工具和信息技术工具，包括对软件系统的架构设计、需求分析与调试，并能够理解其局限性。

（6）工程与社会。能够基于软件工程相关背景知识进行合理分析，评价软件工程实践和复杂软件系统工程问题解决方案对社会、健康、安全、法律以及文化的影响，并理解应承担的责任。

（7）环境和可持续发展。能够理解和评价针对复杂软件系统研发的工程实践对环境、社会可持续发展的影响。

（8）职业规范。具有人文社会科学素养、社会责任感，能够在软件研发工程实践中理解并遵守软件工程职业道德和规范，履行责任。

（9）个人和团队。能够在计算机科学、软件工程等多学科背景下的团队中承担个体、团队成员以及负责人的角色。

（10）沟通。能够就复杂软件设计与实现工程问题与业界同行及社会公众进行有效沟通和交流，包括撰写需求分析报告和软件使用说明书、陈述发言、清晰表达或回应指令。并具备一定的国际视野，能够在跨文化背景下进行沟通和交流。

（11）项目管理。理解并掌握软件项目管理等工程管理原理与经济决策方法，并能在多学科环境中应用。

（12）终身学习。具有自主学习和终身学习的意识，有不断学习和适应发展的能力。

2.1.3 学制、学分与学时

本专业学制为四年，允许修业年限为 3—8 年。毕业总学分 176 学分，总课时 2464 学时。

2.1.4 学位授予

工学学士学位。

2.1.5 主干学科、核心课程与学位课程

主干学科：软件工程。

核心课程：C 语言程序设计、数据结构、离散数学、面向对象程序设计、数据库系统原理、操作系统、软件工程导论、软件需求分析、软件构造、软件设计与体系结构、软件质量保证与测试。

学位课程：C 语言程序设计、数据结构、面向对象程序设计、数据库系统原理、软件工程导论、软件需求分析、软件设计与体系结构、软件质量保证与测试。

2.1.6 主要实践性教学环节

面向对象程序设计课程设计、数据结构课程设计、数据库系统原理课程设计、操作系统课程设计、网络及其计算课程设计、软件需求分析课程设计、面向对象建模技术课程设计、软件设计与体系结构课程设计、Java 高级开发课程设计（Java 大数据方向）、网页设计基础课程设计（Web 前端开发方向）、软件项目综合实训、Java 综合实训（Java 大数据方向）、大数据开发综合实训（Java 大数据方向）、APP 项目实践（Web 前端开发方向）、企业级项目实践（Web 前端开发方向）、软件工程专业综合实践、毕业设计等。

2.1.7 时间总体分配表

学年	学期	学期周数	理论教学	复习考试	实践教学（根据各专业实际确定具体名称）					毕业教育	入学教育军训	社会实践	公假	寒暑假期	合计
					课程设计	实习实训	毕业鉴定	机动	毕业论文						
一	1	19	14	2							2		1	4	23
	2	19	14	1	3								1	8	27
二	3	20	14	2	3								1	4	24
	4	19	14	1	1.5	1.5							1	8	27
三	5	20	14	2	3								1	4	24
	6	19	14	1	3								1	8	27
四	7	20	12	2		5							1	4	24
	8	18					2		14	1			1		18
合计		154	96	11	13.5	6.5	2		14	1	2		8	40	194

2.1.8 课程结构及学分、学时分配表

课程类别		学分学时比例				理论教学		实践教学		必修		选修	
		学分	比例（%）	学时	比例（%）	学分	学分比例（%）	学分	学分比例（%）	学分	比例（%）	学分	比例（%）
通识教育平台	必修	38.5	21.88%	720	29.22%	29.5	16.76%	9	5.11%	38.5	21.88%		
	选修	6	3.41%	96	3.90%	6	3.41%					6	3.41%
专业教育平台	学科基础必修	32.5	18.46%	576	23.37%	29.5	16.76%	3	1.70%	32.5	18.47%		
	专业必修	26	14.77%	480	19.48%	22	12.50%	4	2.27%	26	14.77%		
	专业选修	30	17.05%	496	20.13%	14	7.95%	16	9.09%			30	17.05%
集中实践平台	必修	37	21.02%					37	21.02%	37	21.02%		
创新创业与素质提升平台	必修	2	1.14%					2	1.14%	2	1.14%		
	选修	4	2.27%	96	3.90%	4	2.27%					4	2.27%
合计		176	100%	2464	100%	105	59.66%	71	40.34%	136	77.27%	40	22.73%

2.1.9 实践教学进程表

课程类别		课程名称	学分	周数	各学期周数(学时数)分配								备注
					1	2	3	4	5	6	7	8	
实践教学环节	通识类	入学教育、军训	2	2	2								
		专业教育			(0.5)	(0.5)	(0.5)	(0.5)					
		毕业教育	1	1								1	
		小计	3	3	2							1	
	认识实习	暑期社会实践	(4)	(4)				(2)		(2)			
		团队建设(企业)	(2)	(2)		(2)							
		素质拓展(企业)	(2)	(2)			(2)						
		户外拓展训练(企业)	(2)	(2)			(2)						
		小计											
	专业综合实训	软件项目综合实训(企业)	1.5	1.5				1.5					
		Java 综合实训(企业)	1	1							1		Java 大数据方向
		大数据开发综合实训(企业)	1	1							1		
		APP 项目实践(企业)	1	1							1		Web 前端开发方向
		企业级项目实践(企业)	1	1							1		
		软件工程专业综合实践(企业)	3	3							3		
		小计	6.5	6.5	0	0	0	1.5	0	0	5		
	课程设计	面向对象程序设计课程设计	1.5	1.5		1.5							
		数据结构课程设计	1.5	1.5		1.5							
		数据库系统原理课程设计(企业)	1.5	1.5			1.5						
		操作系统课程设计	1.5	1.5			1.5						
		网络及其计算课程设计	1.5	1.5				1.5					
		软件需求分析课程设计(企业)	1.5	1.5					1.5				
		面向对象建模技术课程设计	1.5	1.5					1.5				
		软件设计与体系结构课程设计	1.5	1.5						1.5			
		Java 高级开发课程设计(企业)	1.5	1.5						1.5			Java 大数据方向
		网页设计基础课程设计(企业)	1.5	1.5						1.5			Web 前端开发方向
		小计	13.5	13.5	0	3	3	1.5	3	3	0	0	
	毕业设计(论文)	毕业实习(企业)	(8)	(8)								(8)	
		毕业设计	14	14								14	
		小计	14	14								14	
		总计	37	37	2	3	3	3	3	3	5	15	

2.1.10　课程教学进程表

课程类别	课程性质	课程名称	总学分(理论+实践)	总学时	各环节学时分配					考核类型	各学期周数及学时分配								备注
					讲授	实验	上机	其他实践	自主学习		一 19	二 19	三 20	四 19	五 20	六 19	七 20	八 18	
通识教育平台	必修	思想道德修养与法律基础	3	48	48					S	3								
		中国近现代史纲要	2	32	32					S		2							
		马克思主义基本原理概论	3	48	48					S		3							
		毛泽东思想和中国特色社会主义理论体系概论（上）	2	32	32					S			2						
		毛泽东思想和中国特色社会主义理论体系概论（下）	2	32	32					S				2					
		思想政治理论课实践	2	64				64		C	√	√	√	√	√	√			
		军事理论与军事训练	(2)	(32)	(16)			(16)		C	2								
		形势与政策	2	(128)				(128)		C	√	√	√	√	√	√	√	√	
		大学体育（一）	1	32	4			28		C	2								
		大学体育（二）	1	32	4			28		C		2							
		大学体育（三）	1	32	4			28		C			2						
		大学体育（四）	1	32	4			28		C				2					
		大学英语	4	64	64				(24)	S	4+2								
		英语拓展课程（一）	4	64	64				(32)	S		4+2							
		英语拓展课程（二）	2	32	32				(32)	S			2+2						
		英语拓展课程（三）	2	32	32				(32)	S				2+2					
		计算思维	2	48	24		24			S	2+2								

续表

课程类别	课程性质	课程名称	总学分(理论+实践)	总学时	各环节学时分配					考核类型	各学期周数及学时分配								备注
					讲授	实验	上机	其他实践	自主学习		一	二	三	四	五	六	七	八	
											19	19	20	19	20	19	20	18	
		应用写作	1.5	32	16			16		S									
		社交礼仪	1.5	32	16			16		S									必选
		演讲与口才	1.5	32	16			16		S									
		小计	38.5	720	472		24	224			17	13	10	8					
	选修	心理健康与个体成长	2	32	32					C			2						选修两个模块
		就业教育	2	32	32					C									
		自然与科学文明	2	32	32					C									
		文学与艺术审美	2	32	32					C									
		卫生健康与安全教育	2	32	32					C									
		小计	6	96	96														
		合计	44.5	816	568	0	24	224	0	O	17	13	10	8	0	0	0	0	
专业教育平台	学科基础必修	高等数学Ⅰ(上)	3	48	48					S	3								
		高等数学Ⅰ(下)	6	96	96					S		6							
		线性代数	3	48	48					S			3						
		概率论与数理统计	3	48	48					S			3						
		大学物理Ⅱ	4	64	64					S				4					
		大学物理实验	1	32		32				S				2					
		C语言程序设计△※	4	80	48		32			S	5								
		数据结构△※	3	64	40		24			S		4							

续　表

课程类别	课程性质	课程名称	总学分(理论+实践)	总学时	讲授	实验	上机	其他实践	自主学习	考核类型	一 19	二 19	三 20	四 19	五 20	六 19	七 20	八 18	备注
		数字逻辑电路	2.5	48	32	16				S			3						
		离散数学△	3	48	48					S			3						
		小计	32.5	576	472	48	112				8	10	13	5					
	专业必修	专业导论	(1)	(16)				(16)		C		0.5							
		面向对象程序设计△※	3.5	64	48		16			S		4							
		数据库系统原理△※	3.5	64	48		16			S			4						
		操作系统△	3.5	64	48		16			S			4						
		网络及其计算	3.5	64	48	16				S				4					
		软件工程导论△※	2	32	32					S				2					
		软件需求分析△※	2.5	48	32		16			S					3				
		软件构造△	2.5	48	32		16			S					3				
		软件设计与体系结构△※	2.5	48	32		16			S						3			
		软件质量保证与测试△※	2.5	48	32		16			S						3			
		小计	26	480	352	16	112				0	4	8	6	6	6	0	0	
	专业选修	工程经济学	2	32	32					C					2				选 10 学分
		软件项目管理	2.5	48	32		16			S					3				
		人机交互的软件工程方法	2.5	48	32		16			C						3			
		计算机组成与系统结构	3	48	48					S						3			

续表

课程类别	课程性质	课程名称	总学分(理论+实践)	总学时	讲授	实验	上机	其他实践	自主学习	考核类型	一(19)	二(19)	三(20)	四(19)	五(20)	六(19)	七(20)	八(18)	备注
	专业选修	Java高级开发(企业)	2.5	64	16		48			C						4			
		数据库开发技术(企业)	2.5	64	16		48			C							8		Java大数据方向选10分
		Java开源框架(企业)	2.5	64	16		48			C							8		
		云计算技术及应用(企业)	2.5	64	16		48			C							8		
		网页设计基础(企业)	2.5	64	16		48			C									
		网页设计高级(企业)	2.5	64	16		48			C						4			Web开发方向选10分
		响应式布局设计(企业)	2.5	64	16		48			C							8		
		移动端应用开发(企业)	2.5	64	16		48			C							8		
		前端开发技术	2	64			64			C				4					
		高级语言选讲	1.5	48			48					3							
		Windows程序设计	3	64	32		32			C				4					
		算法设计与分析	2.5	48	32		16			S				3					
		信息安全技术	2	32	32					S				2					
		Java程序设计	3	64	32		32			S				4					
		团队激励与沟通	1	16	16									2					任选10学分
		平面设计基础(企业)	2.5	48	32		16			C				3					
		网页设计基础(企业)	3	64	32		32			C					4				
		前端设计规范(企业)	2.5	48	32		16			C					3				

续表

课程类别	课程性质	课程名称	总学分(理论+实践)	总学时	讲授	实验	上机	其他实践	自主学习	考核类型	一 19	二 19	三 20	四 19	五 20	六 19	七 20	八 18	备注
		UI 设计基础(企业)	2	48	16		32			C					3				
		人工智能技术概论	3	48	48					C					3				
		前端开发高级技术	3	64	32		32			C					4				
		脚本语言程序设计	3	64	32		32			C					3				
		面向对象建模技术	2.5	48	32		16			S					3				
		编译原理	2	32	32					C					2				
		分布式系统	3	48	48					C					3				
		移动 Web 开发	3	64	32		32			C					4				
		数学建模	3	48	48					S					3				
		计算方法	3	48	48					S					3				
		数字图像处理	2.5	48	32		16			C					3				
		科技文献检索	1	16	16					C					2				
		NoSQL 数据库技术概论(企业)	2.5	48	32		16			C						3			
		虚拟现实技术概论	2.5	48	32		16			C						3			
		软件编档概论	1.5	32	16		16			C						2			
		C# 程序设计	3	64	32		32			S						4			
		跨平台软件开发理论与实践(企业)	2	48	16		32			C						3			
		嵌入式系统及应用	3	64	32		32			S						4			

续 表

课程类别	课程性质	课程名称	总学分(理论+实践)	总学时	各环节学时分配					考核类型	各学期周数及学时分配								备注
					讲授	实验	上机	其他实践	自主学习		一 19	二 19	三 20	四 19	五 20	六 19	七 20	八 18	
		技术前沿系列讲座（企业）	1	16	16					C								18	
		Linux系统管理及应用	2	48	16		32			S					(1)	4		0	
		小计	30	496	224	64	272	0	0	0	8	3		9	22	22	24	0	
		合计	88	1 552	1 048		496				2	17	21	20	28	28	24		
实践教学平台（集中实践）	必修	入学教育、军训	2	20						C	2								
		专业教育	(2)	(32)						C	(0.5)	(0.5)	(0.5)						
		面向对象程序设计课程设计	1.5	15						C		1.5							
		数据结构课程设计	1.5	15						C		1.5							
		数据库系统原理课程设计（企业）	1.5	15						C			1.5						
		操作系统课程设计	1.5	15						C			1.5						
		网络及其计算课程设计	1.5	15						C				1.5					
		软件项目综合实训（企业）	1.5	15						C				1.5					
		软件需求分析课程设计（企业）	1.5	15						C					1.5				
		面向对象建模技术课程设计	1.5	15						C					1.5				
		软件设计与体系结构课程设计（企业）	1.5	15						C						1.5			
		Java高级开发课程设计（企业）	1.5	15						C						1.5			
		Java综合实训（企业）	1	10						C							1		Java
		大数据开发实训（企业）	1	10						C							1		大数据方向

续 表

课程类别	课程性质	课程名称	总学分（理论+实践）	总学时	各环节学时分配					考核类型	各学期周数及学时分配								备注
					讲授	实验	上机	其他实践	自主学习		一 19	二 19	三 20	四 19	五 20	六 19	七 20	八 18	
实践教学平台（集中实践）	必修	软件工程专业综合实践（企业）	3	168	24		144			C							3		
		网页设计基础课程设计（企业）	1.5	15						C						1.5			Web开发方向
		APP 项目实践（企业）	1	10						C							1		Web开发方向
		企业级项目实践（企业）	1	10						C							1		Web开发方向
		软件工程专业综合实践（企业）	3	168	24		144			C							3		
		毕业教育	1	10														1	
		毕业实习（企业）	(8)															(8)	
		毕业设计	14							C								14	
		小计	37	535	0	0	0	0	0	0	2	3	3	3	3	3	5	15	
创新创业教育与实践模块（创新创业与素质提升平台）		创新创业课程（课程实践）	2	32															必选
	综合素质拓展模块	实践创新训练项目																	根据《宿迁学院本科学生创新学分认定办法》和《信息工程学院学生创新学分认定补
		学科技能竞赛																	
		专业技能证书																	
		学术论文																	
		知识产权																	
		设计开发产品																	

续　表

课程类别	课程性质	课程名称	总学分（理论+实践）	总学时	讲授	实验	上机	其他实践	自主学习	考核类型	一	二	三	四	五	六	七	八	备注
											19	19	20	19	20	19	20	18	
		开放实验项目																	充规定》认定，选修4学分；与学科基础提升模块二选一。
		小微学习型组织																	
		校内学术报告																	
	学科基础提升模块	高等数学Ⅰ选讲（一）	2	32	32				(64)				√	√					选修4学分；与综合素质拓展模块二选一。
		高等数学Ⅱ选讲（一）	2	32	32				(64)				√	√	√				
		高等数学Ⅲ选讲（一）	2	32	32				(64)				√	√					
		高等数学Ⅰ选讲（二）	2	32	32				(64)						√	√			
		高等数学Ⅱ选讲（二）	2	32	32				(64)						√	√			
		高等数学Ⅲ选讲（二）	2	32	32				(64)						√	√			
		线性代数选讲	1	16	16				(32)						3				
		概率论与数理统计选讲	1	16	16				(32)							3			
		小计	6	96	64				128		25								
		总计	176	2464	1680	64	520	224	128	0	25	30	31	28	28	28	24	0	

注：1. 专业核心课程以"○"标注，学位课程以"※"标注，统一标注在课程名称的后面。
2. 每门课程的学分分数为0.5的整倍数。
3. 考核类型：S为考试，C为考查。
4. 选修课满30人即可开课。
5. 考虑到嵌入式人才培养的特色，合作企业参与校内的部分课程，合作企业派出技术骨干到校内开课和实训。校内课程标注为企业的一般由企业派出技术骨干到校内课程指导学生。个别课程如有特殊情况协商解决。

2.2 课程体系解读

2.2.1 课程构成

课程由通识教育平台、专业教育平台、集中实践平台、创新创业与素质提升平台四个部分构成。每个平台分为必修课程、选修课程两种类型,必修课程占总学分的 77%,选修课程占总学分的 23%。同时也体现 Java 大数据、Web 开发两个不同的专业方向。

1. 通识教育平台

该平台的模块划分和课程设置由学校根据国家有关规定和通识教育基本要求,结合各专业人才培养实际需要统一设置。通识教育平台共 44.5 学分,主要在第 1~4 学期开设,是 Java 大数据、Web 开发方向共同需要的。

2. 专业教育平台

专业教育平台分为学科基础课程、专业必修课、专业选修课。学科基础课程、专业必修课是软件工程各个专业方向共同需要完成的部分,共占 58.5 学分,主要在第 2~6 学期开设。专业选修课共 30 学分,Java 大数据、Web 开发方向会各自选择对应方向的 10 个学分,其余 20 学分是两个方向共选的。

3. 实践教学平台

实践教学平台课程共 37 学分,第 2~6 学期每学期集中开展 3 周,其余的在第 7 学期完成。有 3 门实践课程涉及 3.5 个学分是分为 Java 大数据、Web 开发不同方向的;其余的课程两个方向相同。

4. 创新创业与素质提升平台

创新创业与素质提升平台共 6 学分,其中 2 个学分为必修,4 个学分为选修,主要在于培养学生的创新创业意识、提升学生专业素质和综合素质。具体要求可以查看附录 A(学校对创新学分要求)和附录 B(学院对创新学分要求)。

2.2.2 专业核心课程介绍

1. C 语言程序设计

本课程是软件工程专业学生的专业基础课,是本专业第一门编程语言课程。作为计算机语言的入门课程,本课程主要介绍面向过程程序设计的基本概念和基础知识,培养学生编程能力,为后续课程(如面向对象程序设计、Java 程序设计、数据结构等)的学习奠定良好基础。

2. 数据结构

本课程是软件工程专业学生的专业基础课,本课程讲述数据、数据结构和抽象数据类型等基本概念,重点讨论线性表、栈、队列、树、二叉树和图、排序、查找等基本类型的数据结构和算法及其应用,并着重从编程方法上进行定性分析和比较。

3. 离散数学

本课程是软件工程专业学生的专业基础课,本课程主要讲解数理逻辑、集合论、代数系统及图论的基本概念和基本理论,培养学生抽象思维、缜密概括和逻辑推理能力,为学习后续课程奠定理论基础。

4. 面向对象程序设计

本课程是软件工程专业的专业必修课。本课程主要讲授面向对象的有关知识,讲授类与对象,构造、析构函数,继承与派生,多态性与虚函数,I/O流与文件等面向对象程序设计的基本概念和基本方法。通过本课程的学习,学生能够运用C++语言进行面向过程及面向对象的程序设计,掌握编程的思路和技巧,能够进行C++小项目的分析、设计和测试。为后续课程的学习打下良好的基础。

5. 数据库系统原理

本课程是软件工程专业的专业必修课。本课程讲授数据库系统的基本概念和基本原理,讲解数据库系统语言、数据库抽象与建模方法和数据库应用程序设计方法,以及数据存储、数据库查询实现、查询优化、事务处理等技术,培养学生在信息管理和信息系统方面的抽象、设计、开发、应用和管理能力。

6. 操作系统

本课程是软件工程专业的专业必修课。本课程主要介绍操作系统的设计原理和实现技术,主要内容包括操作系统概述、处理机管理、并发进程、存储管理、文件管理、设备管理和操作系统安全。通过本课程的学习,学生透彻地理解操作系统的基本原理和计算机系统运作的过程,提高实用操作技能和软件开发水平,为今后从事软件开发和专业发展打下坚实的理论基础。

7. 软件工程导论

本课程是软件工程专业的专业必修课。本课程主要讲授软件开发过程及过程中使用的各种理论、方法、工具,讲授需求工具、设计工具等软件知识,介绍开发软件项目的工程化方法和技术及在开发过程中应遵循的流程、准则、标准和规范等。为今后从事软件开发和参加大型软件开发项目打下坚实的技能和理论基础。

8. 软件需求分析

本课程是软件工程专业的专业必修课。本课程主要介绍软件需求的主要概念、需求获取的方法、项目视图与管理、需求管理的原则与实践、需求分析的基本方法和软件需求规格说明书的撰写等内容,为学生学习软件开发的后继课程及工程实践打下坚实基础。

9. 软件构造

本课程是软件工程专业的学科核心必修课程,本课程主要介绍软件构造的一般原理和常用技巧、软件设计方法(如软件建模 UML,设计原则,设计模式等)。通过与实际案例的结合,帮助学生掌握完整软件构造的全过程活动,包括设计、编码、调试、集成、测试和交付,并能够在过程中熟练运用各种构造工具如 IDE、Ant、Junit 等。

10. 软件设计和体系结构

本课程是软件工程专业的学科核心必修课程,本课程主要系统地讲述软件设计和体系结构的相关思想、理论和方法,介绍软件模型和描述、软件体系结构建模和 UML、软件设计过程、面向对象的软件设计方法、用户界面分析与设计、设计模式、基于分布构件的体系结构、软件体系结构评估、软件设计的进化等。帮助学生理解所学的理论知识,初步掌握软件项目中的软件设计和体系结构。

11. 软件质量保证与测试

本课程是软件工程专业的学科核心必修课程,本课程主要系统介绍软件测试的方法(例如基于直觉和经验的方法、基于输入域的方法、基于组合及其优化的方法、基于逻辑覆盖的方法等)、技术及其工具。使学生熟悉测试过程和流程,掌握软件测试技术、方法及测试工具,编写测试脚本,能扩展编程语言。使学生能运用软件测试自动化平台进行静态、动态测试等。

2.2.3　主要实践性教学环节

主要实践性教学环节有 3 类:课程设计、项目综合实训、专业综合实训。课程设计共 9 门,每一门课程设计是某门专业基础课或专业课的延续,在该门课程结束后集中开设 1.5 周,第 2 至第 6 学期每学期 2 门课程设计(除了第 4 学期开设 1 门以外)。课程设计主要是针对某门课程知识的综合运用。第 4 学期除了一门课程设计外还安排软件项目综合实训,训练同学们对编程语言、数据结构、数据库等几门课程知识的综合运用能力。专业综合实训安排在第 7 学期,由合作企业实施,分为 2 个相对较小的项目和 1 个中等难度的项目。专业综合实训模拟软件生产流程,学生可以结合一个模拟的软件项目,体验项目启动、需求获取、架构设计、详细设计与实现、测试、质量管理等完整过程,是对专业学习的一次集中总结和实践,是软件设计能力提升的一个重要训练方式,使学生初步具备软件工程师的技能,为完成高质量毕业论文打下良好的基础。

通过实践性教学,学生能巩固和运用所学专业知识,理论结合实际,提升分析、设计能力,提高工程思维,理解相关先进技术和标准,初步具备工程观和应用观,具有实际问题的分析能力和解决工程中实际问题的能力。实践性教学还可以培养学生的团队合作能力。

2.2.4　应用能力培养

软件工程专业应用能力培养,分为不同能力层次,按照不同的学期,逐步的培养,贯穿于整个大学四年在校学习过程。

软件工程专业应用能力主要分为基础编程能力、软件研发和测试能力、软件项目管理与质量控制能力。

1. 基础编程能力

要求学生掌握系统软件、C/C++ 语言等软件开发专业基础知识,掌握程序设计语言与软件开发调试等专业基础能力。该项能力主要可以通过学习计算思维、C 语言程序设计、面向对象程序设计、数据结构、数据库系统原理、Java 程序设计等课程和面向对象程序设计课程设计、数据结构课程设计、数据库系统原理课程设计、网页设计基础课程设计等实践来培养。

2. 软件研发能力

要求学生具有软件开发与测试、软件架构设计、网络应用开发等软件研发专业能力。该能力主要可以通过学习操作系统、Java 高级开发、Java 开源框架、云计算技术与应用、网页高级设计、移动端应用开发、软件需求分析、软件设计与体系结构等课程和操作系统课程设计、Java 高级开发课程设计、网页高级设计课程设计、软件需求分析课程设计、软件设计与体系结构课程设计、Java 综合实训、APP 项目实践等实践来培养。

3. 软件项目管理能力

具有软件研发综合能力、开发 Java 大数据或 Web 前端开发的熟练编程能力，能够进行软件架构设计，可以对软件的质量进行把控，能够进行较好的团队合作，高质量完成满足客户需求项目。该能力主要通过软件工程导论、工程经济学、软件项目管理、人机交互的软件工程方法等课程和软件项目综合实训、大数据开发实训、企业级项目实践、软件工程专业综合实践、毕业设计等实践来培养。

4. 培养应用能力的课程与实践性教学环节安排

软件工程专业应用能力培养体系安排表

应用能力名称	对应的课程安排		对应的实践教学安排
	主要必修课	主要选修课	
基础编程能力	1. 专业导论 2. 计算思维 3. 高等数学 4. 离散数学 5. C 语言程序设计 6. 面向对象程序设计 7. 数据结构 8. 数据库系统原理 9. Java 程序设计 10. 网页设计基础		1. 面向对象程序设计课程设计 2. 数据结构课程设计 3. 数据库系统原理课程设计 4. 网页设计基础课程设计
软件研发能力	1. 操作系统 2. 网络及其计算 3. 软件构造 4. 软件需求分析 5. 软件设计与体系结构 6. 软件质量保证与测试	1. 计算机组成与系统结构 2. Java 高级开发 3. Java 开源框架 4. 数据库开发技术 5. 云计算技术与应用 6. 网页设计基础 7. 网页高级设计 8. 移动端应用开发 9. 响应式布局设计	1. 操作系统课程设计 2. 网络及其计算课程设计 3. Java 高级开发课程设计 4. 网页高级设计课程设计 5. 软件需求分析课程设计 6. 软件设计与体系结构课程设计 7. Java 综合实训 8. APP 项目实践
软件项目管理能力	1. 软件工程导论 2. 毕业设计	1. 工程经济学 2. 软件项目管理 3. 人机交互的软件工程方法	1. 软件项目综合实训 2. 企业级项目实践 3. 软件工程专业综合实践

小　结

　　本章介绍软件工程专业的培养目标、毕业要求及计划开设的所有课程等信息,解析核心课程与能力养成体系。通过学习,学生可以知道实践能力的培养体系是什么样的,便于规划自己的大学学习。

习　题

　　1. 软件工程专业的核心课程有哪几门?

　　2. 软件工程专业的学位课程有哪几门?

　　3. 软件工程专业的应用能力由哪几部分构成?

【微信扫码】
相关资源

第3章

软件与程序思想

 **本章导读**

软件是程序以及开发、使用和维护程序需要的所有文档。计算机的本质是"程序的机器",程序是指一组指示计算机执行动作或做出判断的指令,通常用某种程序设计语言编写,运行于某种目标体系结构上。计算机程序设计是寻求解决问题的方法,并将其实现步骤编写成计算机可以执行的程序的过程。计算机程序思想历经面向机器、面向过程、面向对象等的发展历程。在计算机程序中,处理重复过程的问题可以采用递归和迭代。

本章主要知识点

- ➤ 知识点 1　程序的作用与本质
- ➤ 知识点 2　程序设计思想的发展
- ➤ 知识点 3　结构化程序设计
- ➤ 知识点 4　递归
- ➤ 知识点 5　迭代

3.1　程序的作用与本质

从 1946 年第一台计算机 ENIAC 产生至今,计算机技术已经走进千家万户,深入各行各业,如卫星发射、公共交通、电子商务等。随着技术的发展,人们的生活越来越离不开计算机,计算机技术改变了人们的生活、工作和学习方式,可以代替人们做很多复杂、危险的工作,提高人们的工作效率,实现了智能化与科学化的管理。计算机之所以有这么多优势,主要是借助其软硬件技术来完成的。计算机硬件是计算机技术的物质体现形式,主要包括个人电脑外部设备及网络设备。计算机的软件系统是指计算机在运行的各种程序、数据及相关的文档资料。计算机软件通常被划分为系统软件和应用软件两大类。系统软件能保证计算机按照用户的意愿正常运行，为满足用户使用计算机的各种需求，帮助用户管理计算机和维护资源执行用户命令、控制系统调度等任务。应用软件是为了某种特定的用途而被开发的软件。它可以是一个特定的程序，比如一个浏览器；也可以是一组功能联系紧密，可以互相协作的程序的集合，比如微软的 Office 软件；也可以是一个由众多独立程序组成的庞大的软件系统，比如数据库管理系统。

计算机程序是一组计算机能识别和执行的指令，运行于计算机硬件上，满足人们某种需求的信息化工具，它以某些程序设计语言编写。程序这一概念的出现，得益于人类长期的生活实践，人们每做一件相对比较复杂的事情，都会按照一定的"程序"，一步一步地进行操作。当然，这种"程序"是用自然语言描述的，从这个角度看，程序设计似乎并不神秘，事实上也确实如此。但是，程序设计是一种高智力的活动，不同的人对同一事物的处理可以设计出完全不同的程序，知识和阅历（经验）与程序设计有一定的关系。

对于程序的定义，随着时间的推移和计算机技术的发展，有不同的说法定义。

20 世纪 70 年代，计算机科学家 Nikiklaus Wirth 曾提出这样一个公式——程序＝算法＋数据结构。算法是解决客观问题的严格的解题思想，是程序的核心。数据结构是计算机存储、组织数据的方式，是相互之间存在一种或多种特定关系的数据元素的集合，即带"结构"的数据元素的集合。

20 世纪 80 年代，面向对象编程思想趋于成熟，程序也可以描述为"程序＝对象＋对象"。利用面向对象的思想将算法和数据结构封装成对象，也就是将数据和对数据的操作封装成对象。程序是由一个个对象构成。

20 世纪 90 年代，软件体系结构这一概念正式提出，程序也可以描述为"程序＝组件＋连接件"。组件指语义完整、语法正确和有可复用价值的过程，是软件复用过程中可以明确辨识的系统；结构上，它是语义描述、通讯接口和实现代码的复合体。连接件是组件间建立和维护行为关联与信息传递的途径。程序就是通过连接件将组件组合起来。

3.2　程序设计思想

3.2.1　面向机器的程序设计

1. 机器语言

计算机能够直接识别的是 0 和 1 的二进制编码，早期程序编码也是用二进制编码的机器语言来编写的。机器语言的每一操作码在计算机内部都有相应的电路来完成，可以直接在对应的机器上运行，不需要任何翻译，执行速度快。不同的计算机都有各自的机器语言，即指令系统。不同型号的计算机其机器语言是不相通的，按照一种计算机的机器指令编制的程序，不能在另一种计算机上执行。

假定，0000 代表加法，0010 代表减法；0000 代表寄存器 Ax，0001 代表寄存器 Bx；0000 代表加载，0001 表示存储。指令中前四位表示操作符，中间四位表示寄存器，最后 16 位表示数。

如果我们想要计算机实现计算 1＋2 的值，采用机器语言步骤如下。

(1) 将数 1 送入到 CPU 中的寄存器 Ax 中。

0001000000000001

(2) 将寄存器 Ax 和数 2 相加,求得和值放回寄存器 Ax 中。

0000000000000010

现在,我们编写的是 1+2 的求和的计算,编码里全部是 0 和 1 的二进制。如果我们要设计的是 Windows 里自带的计算器呢,大家可以想象那将是满屏的 0 和 1 数字,若不是专业人员根本没有办法编写,也没有办法读,更谈不上修改了,由此可以知道机器语言的写、读和修改异常困难,程序编写的效率极其低下。

2. 汇编语言

鉴于机器语言的编程困难,于是出现了汇编语言。汇编语言是一种符号语言,采用易于记忆的英文单词缩写代替机器语言的 0 和 1 的编码,例如用 ADD 表示加法,用 SUB 表示减法,用 MOV 表示将数送到寄存器中。

如果我们想要计算机实现计算 1+2 的值,采用汇编语言步骤如下。

(1) 将 1 存入计算机(寄存器 AX)

MOV AX,1

(2) 将 AX=AX+2

ADD AX,2

用汇编语言进行程序编写比用机器语言要方便些,但其本质上还是一种面向机器的语言,编写困难容易出错。程序员编写计算机程序需要考虑具体的机器,面对不同的机器需要编写不同的程序代码。

采用机器语言和汇编语言进行的程序设计都是属于面向机器的程序设计。面向机器的程序设计的思维方式和人类考虑问题的思维方式相差甚远,在程序设计时都是针对特定的机器,逐一执行,可移植性差。

3.2.2 面向过程程序设计

随着计算机价格的不断下降、硬件环境不断改善,应用范围不断扩大,面向机器的编程方法太关注机器本身的操作指令、存储等方面,已经越来越不适合编写程序的需求。为解决这一问题,科学家前辈发展出了更接近人类思维习惯的面向过程的语言。面向过程的语言中用人们习惯的标识来表示指令中的操作符和操作数,例如用"+"号表示加法,用 sum 标识符来表示和值,使得程序中的语句能够尽可能做到见其名知其意。相比面向机器的思想来说,面向过程是一次思想上的飞跃,面向过程的程序设计不再关注机器本身,而是关注怎样一步一步地解决具体的问题,即解决问题的过程。20 世纪 60 年代为解决第一次软件危机出现的结构化程序设计的思想(Structured Programing,SP)便是面向过程的程序设计思想的集中体现。

结构化程序设计思想是最早由 E. W. Dijikstr 在 1965 年提出的,20 世纪 70 年代趋于成熟,是整个 20 世纪 80 年代主要的程序设计方法。SP 的核心设计思想是"自顶而下,逐步求精"。一个大的系统项目按照功能要求分解成若干个子项目功能模块,子项目模块进一步分解为若干个子子项目模块,如此重复,从上往下进行分解,直到每一个子子模块能都轻易解决为止,使得问题由复杂变得简单。

SP 中的每一个子模块只允许有一个入口和一个出口，内部均是由顺序、选择和循环三种基本结构组成。

1. 顺序

顺序结构是最简单的程序结构，也是最常用的结构，程序中的各操作是按照它们出现的先后顺序执行的。如图 3.1 所示，当执行完第一条语句后执行第 2 条语句，直到所有 n 条语句执行完毕。

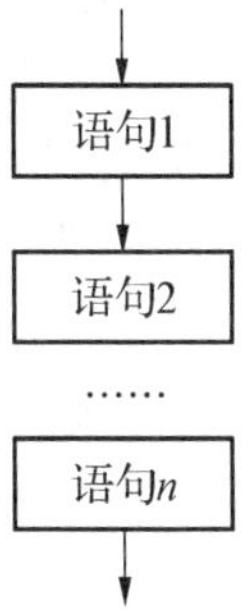

例：计算圆的面积。用标识 r 表示圆的半径，area 表示圆的面积。

设计步骤：

（1）定义变量 r 存放圆的半径，定义变量 area 存放圆的面积。

（2）通过键盘输入圆的半径 r。

（3）通过公式 $3.14 * r * r$ 计算圆的面积并存放到 area 中。

（4）输出圆的面积。

```
double r,area;
scanf("%f",&r);
area = 3.14 * r * r;
printf("%f",area);
```

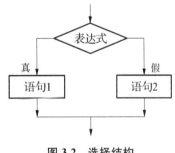

图 3.1　顺序结构

2. 选择

选择结构是根据判断某个条件是否成立，选择其中的一个分支执行。如图 3.2 所示，当表达式的值为真时即表达式判断条件成立则执行语句 1，当表达式条件不成立执行语句 2。

例：判断一个人是否成年。

分析：根据民法第十七条规定十八周岁以上的自然人为成年人，也就是说人的年龄大于等于 18 岁就是成年人了。在设计中，用 age 表示一个人的年龄，判断 age 大于等于 18 是否成立，若条件成立则为成年，输出为成年人，若条件不成立则是未成年，输出未成年人。

图 3.2　选择结构

用 C 语言写的代码如下：

```
int age = 16;
if(age > = 18)
    printf("成年人");
else
    printf("未成年人");
```

选择结构一般分为单分支、双分支、多分支结构。

3. 循环

循环结构表示重复执行某个或某些操作，直到某条件为假（或为真）时才可终止循环。循环结构中最主要的是分析哪些操作需要反复执行，在何种条件下需要反复执行。在循环结构中将需要反复执行的操作称为循环体，将能够使得判断条件变成不成立的量称为循环变量，要求在循环体中有语句能够改变循环变量的值，使得判断条件能够不成立。循环结构有当型循环和直到型循环两种基本形式。

　　当型循环。如图 3.3 所示,先执行判断条件,若条件成立则继续执行循环体,执行完循环体再次执行判断条件,若条件还成立继续执行循环体,直到判断条件不成立才终止循环。因为是"当条件满足时执行循环",即先判断后执行,所以称为当型循环。

　　直到型循环。如图 3.4 所示,先执行循环体,循环体执行完后执行判断条件,若条件成立则再次执行循环体,直到条件不成立时才终止循环。因为是"直到条件不成立时为止",即先执行后判断,所以称为直到型循环。

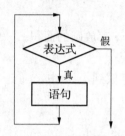

图 3.3　当型循环结构图

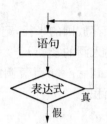

图 3.4　直到型循环结构

　　例:求 1+2+3+…+10 的和。

　　分析:先定义一个变量存放和值,初值为 0,后将 1 到 10 的数字依次累加到和值里,这样就可以求得 1 到 10 的和值。用变量 sum 表示和值,初值为 0,用变量 i 表示 1 到 10 的某个数,初值为 1,步骤如下:

(1) sum ←——0, i ←——1

(2) 将 1 和和值 sum 相加再存回 sum,即 sum=sum+i
　　 i 的值 1 已经累加到和 sum 里,将 i 增加 1 变成 2,即 i= i+1

(3) 将 2 和和值 sum 相加再存回 sum,即 sum=sum+i
　　 i 的值 2 已经累加到和 sum 里,将 i 增加 1 变成 3,即 i= i+1

(4) 将 3 和和值 sum 相加再存回 sum,即 sum=sum+i
　　 i 的值 3 已经累加到和 sum 里,将 i 增加 1 变成 4,即 i= i+1

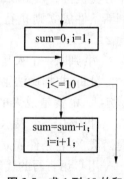

图 3.5　求 1 到 10 的和

……

(10) 将 10 和和值 sum 相加再存回 sum,即 sum=sum+i
　　 i 的值 10 已经累加到和 sum 里,将 i 增加 1 变成 11,即 i=i+1

这时已将 1 到 10 的相加并存放在和值 sum 里,计算结束。

　　由上述分析可以知道,需要重复的部分是"sum=sum+i;i=i+1";即循环体为"sum= sum+i;i=i+1;",判断条件为"i<=10"。流程图如图 3.5 所示。

　　用 C 语言编码如下:

```
int i = 0, sum = 0;
while(i < = 10)
{
    sum = sum + i;
    i = i + 1;
}
```

结构化程序中每一个子项目可以完成某一独立功能,可以用函数来表示。在结构化程序设计中函数是指一段可以直接被另一段程序或代码引用的程序或代码,也叫子程序或方法。很多高级语言中都有子程序的概念。C 语言中程序主要由主函数和若干个函数构成,主函数是程序的入口,由主函数调用其他函数,其他函数之间也可以相互调用。

在 C 语言中函数定义如下。

函数类型　函数名(形参列表)
```
{
    函数体
}
```

若编写求 1 到 1 000 以内某一个整数的和的功能,在 C 语言中用一个函数表示这个功能,要想求得 1 到某一个数的和,首先要知道这个数是什么,可以将这个数作为函数的参数,参数类型为整型。调用函数最终要得到的是和值,可以作为和值函数返回值,函数类型为整型。函数体可以用循环结构求解。

用 C 语言编码实现"1 到 100 内某一个整数的和"的函数如下。

```
int sum( int n)
{
    int s = 0, i = 1;
    while(i < = n)
    {
        s = s + i;
        i = i + 1;
    }
    return s;
}
```

编写 main 主函数,调用 sum 函数求 1 到 100 的和,代码如下。

```
int main()
{
    int n = 100;
    int s = sum(1,n);        //调用函数求 1 到 100 的和
    printf("1 到 % d 的和值为 % d",n,s);
    return 0;
}
```

在该例中,有两个函数 main 和 sum 函数,在主函数 main 中调用 sum 求 1 到 100 的和。

SP方法设计思想清晰,符合人们处理问题的习惯,易学易用。模块层次分明,便于分工开发和调试,程序可读性强。

3.2.3 面向对象程序设计

结构化程序思想编程在相当程度上缓和了软件危机,然而随着计算机硬件的迅速发展,计算机业务应用及需求越来越复杂,结构化思想越来越跟不上硬件和业务的发展,很快出现了第二次软件危机。这时的大型软件经常由数百万行代码构成,参与其中的程序员也数以百计,怎样高效、可靠地构造和维护这样的大型软件成了一个新的难题。利用面向过程编程思想设计的软件,并不能很好地满足这样的需求。在这种情况下,面向对象的编程思想开始发展起来。

面向对象程序设计(Object-Oriented Programming,OOP)与结构化程序设计完全不同,面向对象的方法学用人们在实际生活中的思维方式来认识、理解和描述事物,认为任何事物都是对象,世界由各种对象组成,复杂的对象可由简单的对象以某种方式组成。将具有共同特征的对象分为一类,概括出其共有的特征抽象成类,面向对象程序设计的基石是对象和类。类是一组具有相同数据结构和相同操作的对象的描述;对象是某一类的实例。典型的面向对象方法具有抽象、封装、继承和多态性四个特征。

关于面向对象程序设计在后面章节里有详细介绍。

3.3 迭代与递归

在人们生活中经常会碰到这样一种情况,一个问题刚刚开始感觉难以解决,但是可以尝试将其简化后再解决。如果解决问题的过程可以重复进行,那么需要解决的问题最终会变得容易处理。计算机就是用来解决人们生产生活中遇到的相应问题的。在计算机程序设计中,处理这样需要重复的过程引出了两种不同的处理方法:递归和迭代。

3.3.1 递归

1. 递归简介

递归算法是将规模较大的问题归结为规模更小的同类问题的子问题,子问题可再分解为同类的更小的子问题,直到最小子问题能够直接得到答案,或者非常容易解决。而且,这些子问题的解决都可以采用同一个模型,然后层层返回,得到原始规模较大的问题的解。

以求前1、2、3、…、250个正整数的和为例,原问题可以转化为250加上前249个正整数的和,现在只要求得前249个正整数的和加上250就行了。与原问题相比,现在问题的关键依然是求前多少个正整数之和,问题的本质没有变,不过,原来需求出前250个正整数的和,现在只要求出前249个正整数的和即可,问题的规模变小了,难度降低了。经过层层分解,问题最终可以分解成求前1个正整数的和,我们知道前1个正整数的和为1,求出了前1个正整数的和就可以求出前2个正整数的和,通过层层返回,就可以得到前250个正整数的和。

递归算法过程可以分解成递推和回归两个阶段。在递推阶段,把规模为n的问题求解分解为规模小于 n 的问题求解,依次减少一个或几个元素,直到规模 n＝1 或 0 时,能直接求解。然后回归,推出 n＝2 时解,推出 n＝3 时解……直到 n 的解。递归在分解子问题时必须有一个明确的出口。

在 C 语言中实现递归需要用到函数,递归就是一个函数在其定义中直接或间接地调用该函数本身的一种方法。现在定义一个 nsum 函数用来求前 n 个正整数的和。

int nsum(int n);

求前 1、2、3、…、250 个正整数的和可以写成 nsum(250),可以分解为 250＋nsum(249),前249 个正整数的和可以简化为 249＋nsum(248)……前 1 个正整数的和为 1,就是 nsum(1)为 1。可以得出下列递归公式:

$$nsum(n) = \begin{cases} 1 & n = 1 \\ n + nsum(n-1) & n > 1 \end{cases}$$

求前 n 个正整数的数,C 语言的递归的 nsum 函数定义如下。

```
int nsum(int n)
{
    if(n == 1)
        return 1;
    else
        return n + nsum(n - 1);
}
```

下面以求前 4 个正整数的和为例讲解递归执行过程,即 nsum(4)执行过程如图 3.6 所示。

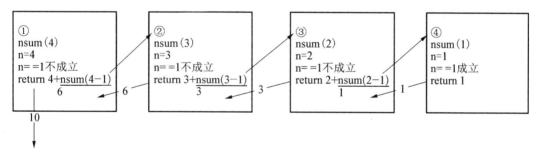

图 3.6　求和递归执行过程

当需要求前 4 个正整数的和,也就是执行函数调用 nsum(4),是第 1 次调用 nsum,先进行形实结合 n 为 4,再执行函数体,因 n＝＝1 条件不成立,执行"return n＋nsum(n－1)",即"return 4＋nsum(3)"。于是需要求 nsum(3),中断第 1 次调用 nsum(4)函数执行,进行第 2 次调用 nsum,形实结合 n 为 3,执行函数体,因 n＝＝1 条件不成立,执行"return n＋nsum(n－1)",即"return 3＋nsum(3)"。需要求 nsum(2),中断第 2 次调用 nsum(2)函数执行,进行第 3 次调用 nsum,形实结合 n 为 2,执行函数体,因 n＝＝1 条件不成立,执行"return n＋nsum(n－1)",即"return 2＋nsum(1)"。下面第 4 次调用 nsum,形实结合 n 为1,执行函数体,因 n＝＝1 条件成立,执行"return 1"。第 4 次调用 nsum 执行完毕,返回结果为 1,程序返回到第 3 次 nsum 函数,继续执行"return 2＋1",返回 3,第 3 次调用 nsum(2)处理完毕,返回结果为 3。程序返回到第 2 次 nsum 函数,继续执行"return 3＋3"处,返回 6,第 2

次调用 nsum(3)处理完毕结果为 6;程序返回到第 1 次 nsum 函数,继续执行"return 4+6"处,返回 10,第 1 次调用 nsum(4)处理完毕结果为 10,也就是求出了前 4 个正整数的和,完成了问题的求解。

2. 递归应用

有一群猴子,去山上摘了一堆桃子,商量过后它们决定每天吃剩余桃子的一半,在它们吃过桃子后,有一只贪嘴的猴子又偷偷地再多吃一个。按照这样的方式,猴子每天都快乐地吃着桃子,直到第十天,当猴子再想吃桃子时,发现只剩下一个桃子了,问:猴子们开始一共摘了多少桃子?

分析:设 x1 为第一天桃子的数量,x2 为第 2 天桃子数量,

则 x2=x1/2−1,变形为 x1=(x2+1)∗2,

设 x3 为第 3 天桃子数量,

则 x3=x2/2−1,变形为 x2=(x3+1)∗2。

由此类推,fun(n)为第 n 天的桃子的数量,fun(n+1)为第 n+1 天的数量,

则 fun(n)=(fun (n+1)+1)∗2。

当 n=10 时,f(10)=1;

得出下列递归公式

$$fun(n) = \begin{cases} 1 & n = 10 \\ (fun(n+1)+1)*2 & n < 10 \end{cases}$$

用 C 语言编程如下。

```
int fun (n)
{   int num;
    if(n==10)
        return 1;
    else
    {
        num = (fun (n+1) + 1) * 2;
        return num;
    }
}
```

执行流程如下图 3.7 所示。

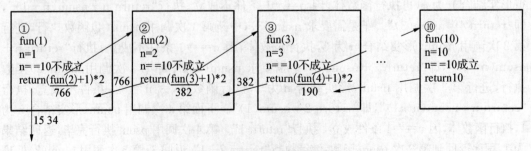

图 3.7　猴子摘桃执行流程

3.3.2　迭代

迭代本是数学中的一个重要方法,只是随着计算机科学的快速发展,借用计算机运算速度快等特点,迭代思想逐步演化为迭代算法。其基本思想如下:让计算机对一定步骤(或一组指令)进行重复操作,在每一次执行这些步骤后,都能用变量的旧值(初值)计算出一个新值,通过新值的逐渐变化,达到(或逼近)最终结果的目的。

以求前 1、2、3、…、250 个正整数的和为例,可以先求出前 1 个正整数的和,这个结果很容易得到为 1;在前 1 个和的基础上加上 2 求得前 2 个正整数的和;再在前 2 个和的基础上加上 3 求得前 3 个正整数的和;后面不断重复该操作,直到最终求得前 250 个正整数的和为止。

$$1+2+3+4+\cdots+250$$
$$=3+3+4+\cdots+250$$
$$=6+4+\cdots+250$$
$$=10+\cdots+250$$
$$\cdots\cdots$$
$$=$$

迭代是一种建立在循环基础上的算法,在设计过程中需要考虑怎样由前一个数得到后一个数,也就是迭代公式是什么,还要考虑什么时候终止迭代,也就是重复迭代的条件是什么。在求前 250 个正整数的和例子中,若 sum 表示前 $n-1$ 个正整数的和,那么前 n 个正整数的和就是 $sum+n$,将 $sum+n$ 赋值给 sum,这时 sum 就表示前 n 个正整数的和,可以写出迭代公式"$sum=sum+n$"。n 表示 1 到 250 之间的某一个数,初值为 1,每次将 n 累加到 sum 里,将 n 变成后一个数,即"$n=n+1$",直到 n 大于 250 为止,即重复迭代的条件为"$n<=250$"成立。下面用 C 语言完成迭代法求前 250 个正整数的和。

```
int n, sum = 0;
for (n = 1; n <= 250; n = n + 1)
    sum = sum + n;
printf("前 % d 个正整数的和为 % d", n, sum);
```

小　结

通过本章学习,使读者知道什么是计算机程序,了解计算机程序设计思想的发展历程,体会怎样用"自顶向下,逐步求精"解决复杂的问题。理解递归法和迭代法解决问题的思路,认识计算机解决问题的特点。

习　题

1. 结构化程序的特点是什么?

2. 程序中的常见控制结构有哪些?

3. 用迭代法和递归法求出求斐波那契数列的第 n 项。

【微信扫码】
相关资源

第4章

算法基本思想

 **本章导读**

  计算机软件的主要功能是让计算机执行一系列指令来解决问题,但现实问题的解决方案必须转化为计算机能够理解的指令,那么算法就成为现实问题与可执行指令之间的桥梁。本章介绍了算法的描述方法,以及常见的若干重要算法的基本思想。掌握了这些内容后,对计算机算法的相关概念就有了较为清楚的认识。当然,要学习好这些算法,还需要进一步熟悉编程语言以及算法设计相关的书籍,本章的内容只是起到抛砖引玉作用,具体详细的实现步骤需要后续课程的进一步学习。

本章主要知识点

- ➢ 知识点 1 算法概念
- ➢ 知识点 2 算法描述方法
- ➢ 知识点 3 算法设计方法
- ➢ 知识点 4 时间复杂度
- ➢ 知识点 5 空间复杂度

4.1 算法的基本概念

4.1.1 什么是算法

  如果把程序比喻成一篇文章的话,那么算法就是这篇文章的写作方法。同一个主题采用不同的写作方法对于突显整篇文章的中心思想有不同的效果,同样地,对于同一个问题采用不同的算法有可能会有不同的执行效率(此处可以简单地理解为计算的时间)。到目前为止,算法也没有确切的定义,可以把算法理解为解决问题的步骤。由此可知,算法可以使用自然语言加以描述,当然也可以使用程序设计语言描述,更多地采用类编程语言(与编程语言相似的语言)描述。算法还必须满足以下五个重要的特征:

(1) 有穷性。算法的步骤是有限个,不会无止境地执行下去。

(2) 确切性。算法的每条步骤要有确切的含义,不能有歧义。

(3) 输入。一个算法可以有 0 个或多个输入,可能没有输入的原因是程序自身确定了一些初始值,不需要外在的输入。

(4) 输出。一个算法不管执行多久,它一定会有一个结果,以对编程者的反馈。

(5) 可行性。算法可以采用一系列的编程语言中的语句加以实现。

4.1.2　算法描述

算法描述就是对解决一个问题的具体过程的描述。下面举例说明如何描述一个算法,问题为:对 5 个元素(5,1,2,6,3)进行排序。算法 1 的示意图如图 4.1 所示。

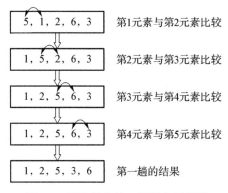

图 4.1　冒泡排序的一趟排序示意图

图 4.1 就是一种最为常见的排序方法——冒泡排序的第一趟排序,它的步骤为第一个与第二个元素比较,如果第一元素大就将其与第二元素交换,将第一元素与第二元素的较大者放在第二位置;然后再让第二元素与第三元素比较,将第二元素与第三元素的较大者放在第三位置;依此类推,直到最后,那么最后一个元素必然是这个序列的最大元素。接下来对去掉最后一个元素做上面同样的操作,得到整个序列的第二大元素,直到序列的元素只剩一个。以上的描述就是算法的描述,只不过这是一种自然语言的描述。由于自然语言在很多的情况下会出现一种表达多种理解的歧义出现,所以更多地使用伪代码对算法加以描述,其过程如图 4.2 所示。

```
Bubblesort(Arr[]){
    for i = 1 to length[Arr]-1   {
        for j = 1 to length[Arr]-i  {
            if Arr[j] > Arr[j+1]
            {
                exchange Arr[j] and Arr[j+1];
            }
        }
    }
}
```

图 4.2　冒泡排序的伪代码描述

　　由图 4.2 可以看出,伪代码写出的算法,类似于编程语言,但又不完全遵从编程语言的语法,它是介于编程语言与自然语言之间的描述,兼顾了自然语言的易读性和编程语言的严格性。即使是伪代码它也有自己的规范,如果没有学习编程语言此时可以根据伪代码的英文含义加以理解,从而使用伪代码表达会比自然语言更加准确。当然也可以直接使用某种编程语言的代码直接描述,图 4.3 即为使用 C 语言描述冒泡排序的方法。

```c
void bubbleSort (elemType arr[], int n) {
elemType temp;
int i, j;
/* 外循环为排序趟数,n个数进行n-1趟 */
for (i=1; i<=n-1; i++)
/* 内循环为每趟比较的次数,第i趟比较n-i次 */
for (j=1; j<=n-i; j++) {
  /* 相邻元素比较,若逆序则交换(升序为左大于右,降序反之) */
      if (arr[j] > arr[j+1]) {
       temp = arr[j];
       arr[j] = arr[j+1];
       arr[j+1] = temp;
      }
   }
}
```

图 4.3　冒泡排序的 C 语言代码描述

　　另外一种较为常见的描述方法是流程图法,如图 4.4 所示。流程图法可以很直观地看出算法的过程,但是画图相对来讲又比较麻烦,所以一般算法书上很少采用流程图法描述算法。

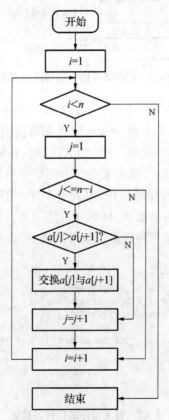

图 4.4　冒泡排序的流程图

以上的几种方法就是我们经常看到的算法的描述方法。算法的描述方式具体采用哪一种取决于算法的阅读对象,对于不懂编程的可以采用自然语言,对于掌握至少一种编程语言的可以使用伪代码。一般来讲使用伪代码是种不错的折中方法。

4.2 生活中常见问题的算法

4.2.1 最小生成树算法

在生活中经常见到这样的问题,假如一个城镇有 7 个村庄之间需要铺设自来水管,由于地形复杂并不是任意两个村庄都可以铺设管道的,并且任意两个村子之间铺设管道的代价也不尽相同,那么如何让每个村子都通上自来水,并且代价最小? 图 4.5 中顶点为村庄,连接两个村庄的边代表这两村之间可以铺设自来水管道,边上的值代表铺设这条管道的代价。

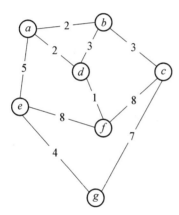
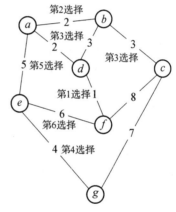

图 4.5　自来水管道建模图　　图 4.6　自来水管道图的最小生成树

对于这个问题,我们可以从目标出发进行以下三个方面的思考:(1)让所有的村子都通上自来水,那么这个图必须是连通的;(2)边上的代价累加起来的最小;(3)没有回路存在。其实第 3 条可以通过第 1,2 条推导出来。因为每个结点都需要,所以初始化的时候,只保留所有的结点,那么接下来通过由小到大地选择边逐个加入图形当中,当然要符合加入的条件——不能够成回路。那么最终的生成树如图 4.6 所示,反过来再思考,其实我们这里用到的就是前面提到的贪心算法,这里大家可以考虑下,为什么第 4 步为什么不选(d,b)这条边呢? 对于此类问题也有个专门的名称叫作 Kruscal 算法。

4.2.2 最短路径问题

在生活当中我们无论到一个地方总希望找到一条到目的地最近的路线,那么如何找到一条最短路径呢? 这类问题也可以借助图 4.6 进行讨论。这里可以假设顶点代表地点,边代表两个相邻地点的长度。采用对每个顶点逐个讨论的方式,如果 a 点作为其他两个顶点的中间点会不会缩短两个顶点之间的距离,接着再对其他所有顶点逐个讨论,最终我们可以得到任意两个顶点之间的距离,这就是 Floyd 算法。伪代码如图 4.7 所示,其中 Dis[i][j]

表示顶点 i 与顶点 j 之间的距离。

```
1  for ( int k = 0; k < 节点个数; ++k )
2  {
3      for ( int i = 0; i < 节点个数; ++i )
4      {
5          for ( int j = 0; j < 节点个数; ++j )
6          {
7              if ( Dis[i][k] + Dis[k][j] < Dis[i][j] )
8              {
9                  // 找到更短路径
10                 Dis[i][j] = Dis[i][k] + Dis[k][j];
11             }
12         }
13     }
14 }
```

图 4.7 任意两点间最短距离的伪代码

4.2.3 搜索问题

在学习的过程中,我们不可避免地要在网上搜索各种我们需要的信息,这个搜索的过程其实就是字符串匹配过程。搜索引擎根据搜索的内容与各个网页中的内容进行匹配,可以把匹配成功的次数作为搜索关键字与网页的匹配程度。因为网页的数量庞大,那么字符串匹配的高效性就成为一个重要的问题,那么下面只介绍一种最浅显易懂的搜索方法。例如字符串 A="abcdabcegefagabkailfdsakiagajigaejgirejvjafjirh",B="abkail"。如果在 A 中找 B,那么首先让 B 的第一个字符与 A 的第一个字符对齐,如果第一字符相同则比较它们的第二位,第二位也相同则比较第三位,第三位不相同,此时 B 串比较位置又回到第一位,此位与 A 串的第二位再开始比较,直到 A 串中有个完整的 B 为止。这就是字符串的暴力匹配(Brute Force Matching)。

4.3 算法的设计

4.3.1 算法设计基本方法

针对一个现实问题,想让计算机求解它,那么必须需要设计相应的算法。同一个问题可能采用多种算法求解,下面就举一个较为简单的数字塔(如图 4.8)加以说明。该数字塔从上到下共 5 层,要求找出从第一层到最下面一层的元素之和最大值。每个结点只能向与其有连线的左下角或右下角结点行进。下面介绍对于此问题求解的各种思想方法。

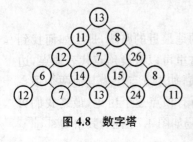

图 4.8 数字塔

4.3.2 穷举法

穷举法的基本思想是,根据给出的问题,把所有可能的情况都一一列举,并根据问题中给定的限定条件检验哪些是符合要求的,哪些不符合要求的。穷举法的特点是容易想到同时一般也容易实现。但当穷举的各种情况比较多时,执行穷举算法的工作量将会很大。在用穷举法设计算法时,应尽量地优化求解范围,以此降低不必要的工作量。在设计穷举算法时,只要对实际问题进行详细的分析,将与问题有关的知识条理化、完备化、系统化,从中找出规律;或对所有可能的情况进行分类,引出一些有用的信息,是可以大大减少穷举量的。穷举算法作为一种基础算法,当其他方法不可行的时候可以考虑使用。

针对这个数字塔问题,采用这种方法,应该想到所有的情况的基本形式为$(a1, a2, a3, a4, a5)$,其中的 ai 代表第 i 层的某个元素,如果按照每行取一个元素,则所有可能有 5! 种情况。因为两层之间有连线的才有关系,所以我们把无关的元素去除,那么所有情况可以通过递归语句实现,还有其对应的结果,如图 4.9 所示。

```
void dfs(int arr[][5],int i,int j,int k)        13 11 12 6 12
{                                               13 11 12 6 7
   if(i<5)                                       13 11 12 14 7
   {  k++;                                        13 11 12 14 13
       ans[k]=arr[i][j];                          13 11 7 14 7
       if(i==4)                                    13 11 7 14 13
           cout<<ans[1]<<'                         13 11 7 15 13
'<<ans[2]<<' '<< ans[3]\                           13 11 7 15 24
            <<' '<< ans[4]<<'                      13 8 7 14 7
'<<ans[5]<<' '<<endl;                              13 8 7 14 13
       dfs(arr,i+1,j,k);                           13 8 7 15 13
       dfs(arr,i+1,j+1,k);                         13 8 7 15 24
       k--;                                        13 8 26 15 13
   }                                               13 8 26 15 24
}                                                  13 8 26 8 24
                                                   13 8 26 8 11
                                            Press any key to continue
```

图 4.9 所有可能解代码及其结果

然后从所有的结果中找出符合条件的解。这只需要对每个可能解检验即可。对应的代码如图 4.10 所示,这样得到的结果就是最终解$(13, 8, 26, 15, 24)$。

```
void dfs(int arr[][5],int i,int j,int k)
{
   int temp;
   if(i<5)
   {   k++;
        ans[k]=arr[i][j];
        if(i==4){
             cout<<ans[1]<<'
'<<ans[2]<<' '<<ans[3]\
             <<' '<<ans[4]<<'
'<<ans[5]<<' '<< endl;

temp=ans[1]+ans[2]+ans[3]+ans[4]+ans[5];
             if(largest<temp)
                  largest=temp;
        }
        dfs(arr,i+1,j,k);
        dfs(arr,i+1,j+1,k);
        k--;
   }
}
```

图 4.10 带有检验的数字塔代码

4.3.3 贪心法

贪心算法(Greedy Algorithm),又称贪婪算法,是一种按照某种策略,在每一步都做出当前状态下最好或最优(即最有利)的选择,从而希望导致结果是最好或最优的算法。

贪心算法解决问题的正确性虽然很多时候都看起来是显而易见的,但是要严谨地证明算法能够得到最优解,并不是件容易的事。即使有些时候研究的问题不符合这个条件,使用该方法也可能会得到比较满意的答案。下面还是以上面的问题为例,研究一下该方法在此问题上的应用,代码如图 4.11 所示。最终的结果为(13,11,12,14,13)这几个元素构成的序列。

```cpp
void greedy(int arr[][5],int i,int j,int k)
{
    while(i<5)
    {
        ans[k]=arr[i][j];
        if(arr[i+1][j]<arr[i+1][j+1])
         j=j+1;
        i++;k++;
    }
    cout<<ans[0]<<' '<< ans[1]<<' '<< ans[2]\
    <<' '<<ans[3]<<' '<< ans[4]<<' '<< endl;
}
```

图 4.11 贪心算法求解数字塔

和穷举法的结果做比较,可以发现此时所得的结果不是最优值,但从其结果也可以看出它得到的值是比较优的值。

4.3.4 动态规划法

动态规划是对解最优化问题的一种途径、一种方法,严格来讲不是一种特殊算法,但一般算法书中都将它作为一种算法来描述。不像搜索或数值计算那样,具有一个标准的数学表达式和明确清晰的解题方法。动态规划往往是针对一种最优化问题,由于各种问题的性质不同,确定最优解的条件也互不相同,因而动态规划的设计方法对不同的问题,有不同的分析方法,而不存在一种万能的动态规划算法,可以解决各类最优化问题。因此学习这种方法,除了要对基本概念和方法正确理解外,必须具体问题具体分析处理,以丰富的想象力去建立模型,用创造性的技巧去求解。我们也可以通过对若干有代表性的问题的动态规划算法进行分析、讨论,逐渐学会并掌握这一设计方法。

用动态规划算法解此问题,可依据其递归式以自底向上的方式进行计算。在计算过程中,保存已解决的子问题答案。每个子问题只计算一次,而在后面需要时只要简单查一下,从而避免大量的重复计算,最终得到多项式时间的算法。所以在使用动态规划方法分析问题时,首先要想到如何把一个复杂的原问题分解成若干子问题,并且找出原问题与子问题之间的关系。这是第一步也是最重要的一步。原问题与子问题之间的关系可能比较简单(如只考虑前面最近的一个子问题等)也可能比较复杂(如根据当前问题得到前面的若干个特定子问题的最大值或最小值等等)。对于数字塔问题中的某个结点 $dp(n)$ 它只与它的两个孩子结点 $dp(n-1)$ 与 $dp(n-2)$ 有关系,如图 4.12 所示。将较大的孩子加上本位置对应

元素 $A(n)$,写成表达式即为 $dp(n) = max(dp(n-1),$
$dp(n-2)) + A(n)$。

实现的时候采用自顶向上,即从小规模问题计算起,在这里就是先计算 $dp(n-1)$,$dp(n-2)$,然后再得到 $dp(n)$。在计算小规模问题的时候先把它的结果存储起来,这样就避免了重新计算的问题。它所对应的代码如图4.13所示。

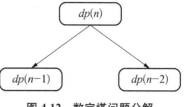

图 4.12　数字塔问题分解

```
void dynamicProg(int arr[][5])
{
        int dp[5][5],i,j;
        for(i=0;i<5;i++)
                dp[4][i]=arr[4][i];//最下一层作基础值
        for(j=3;j>=0;j--)
                for(i=0;i<=j;i++)
                        dp[j][i]=max(dp[j+1][i],dp[j+1][i+1])+arr[j][i];
        for(i=0;i<5;i++){
                for(j=0;j<=i;j++)
                        cout<<dp[i][j]<<' ';
         cout<<endl;
        }
}
```

图 4.13　数字塔的动态规划求解代码

4.3.5　回溯法

在回溯法中,每次展开当前部分解时,它都会面对一组可选的状态集,并通过从中选择构造新的部分解。这种状态集的结构可以看作一棵多叉树,每个树节点代表一个可能的部分解,其子节点是在其基础上生成的另一个部分解的分解。树的根是初始状态,这样一组状态称为状态空间树。

回溯法通常用于通过逐步展开解来生成任意解。在每种情况下,我们都试图在当前部分解的基础上扩展部分解。在问题的状态空间树中,从开始节点(根节点)开始,首先采用深度搜索整个状态空间。此开始节点将成为活动节点和当前扩展节点。在当前扩展节点上,搜索将深入到新节点。此新节点将成为新的活动节点和当前扩展节点。如果当前扩展节点不能再向深度方向移动,则当前扩展节点将成为死节点。在这种情况下,必须将(回溯)移回最近的活动点,并使其成为当前扩展节点。这样,回溯方法递归地在状态空间中搜索,直到找到所需的解决方案或解决方案空间中没有活动节点。

回溯法和穷举法之间存在着一定的联系,它们都是基于尝试方法的。穷举法只能在一个解的所有部分都生成之后,才能检查条件是否满足。否则,它将直接放弃完整的解决方案,然后尝试另一个可能的完整解决方案。它不会后退一步,沿着可能的完整解决方案的所有部分生成解决方案。由此可见,回溯法就像有了感知的功能,不能继续下去的就回头不做了。另外,对于回溯法,解的每个部分都是逐步生成的。当发现当前生成的解的某些部分不满足约束条件时,它将放弃此步骤中所做的工作并返回上一步骤进行新的尝试,而不是得到整个解再做判断,从而比穷举法节省了时间。不难看出,穷举法就是回溯法的一种特殊情况,也就是在解的判断时机上有所不同而已。

对于此处的数字塔问题,此处假设剩下的部分解的最大平均值为19,那么当到达某个结点处,可以假设剩余的结点的值均为19也没有前面得到的解大,那么此解的余下部分就可以省略,直接考虑进入下个部分解。其代码实现如4.14所示。

```
void Backtrack(int arr[][5],int i,int j,int k)
{
    int temp,partSum,c;
    if(i<5 && j<=i)
    {   k++;
        ans[k]=arr[i][j];
        if(i==4){
          temp=ans[1]+ans[2]+ans[3]+ans[4]+ans[5];
            cout<<ans[1]<<' '<<ans[2]<<' '<<ans[3]\
            <<' '<<ans[4]<<' '<<ans[5]<<' '<<temp<<endl;
            if(largest<temp)
                    largest=temp;
        }
        partSum=0;
        for(c=1;c<=k;c++) partSum=partSum+ans[k];
        if(20*(5-k)+partSum<largest)
                Backtrack(arr,i,j+1,k);
        else{
            Backtrack(arr,i+1,j,k);
            Backtrack(arr,i+1,j+1,k);
        }
        k--;
    }
}
```

图 4.14 数字塔的回溯法求解

4.4 算法的评价

4.4.1 算法评价方法

对于同一个问题可能有不同的算法,那么必然需要评价各种算法的优劣。首先容易想到的是比较它们具体实现代码在计算机上运行的时间。但这里会出现问题,如果在不同机器上运行即使是同一程序也会有不同的运行时间;另外即使在同一机器上,不同的编程语言实现同一算法,运行的时间也会有差异。更为重要的是如果这样,一个算法只有实现了才会比较它们的优劣,而算法只是解决一个问题的思路,也就是说有可能设计出来的算法不一定成熟,所以需要不断地改进,而有些算法很复杂,那么急忙实现是不太现实的。所以算法的评价一般来讲是从算法描述的本身出发进行判断算法的好坏,而不是在实现后进行评价。通常使用时间复杂度与空间复杂度对算法加以评价。

4.4.2 算法时间复杂度

算法时间复杂度不是指算法实现代码运行时的时间长短,而是指算法中基本语句执行的次数。其中基本语句是指算法中执行次数最多的语句。下面就以冒泡排序的算法加以举例说明。在图 4.15 的代码分析中可以看到该算法的基本语句就是其中的 if 语句,它的执行的次数如计算公式 4-1 所示。

$$1+2+3+\cdots+(n-1)=n^2/2-n/2 \qquad (公式\ 4-1)$$

时间复杂度就是这里随 n 变化最快的项 $n^2/2$,然后再把系数设为 1 即为时间复杂度,标记为 $O(n^2)$。

```
void bubbleSort  (elemType  arr[], int n) {
elemType  temp ;
int i, j;
/* 外循环为排序趟数 ，n个数进行 n-1趟 */
for (i=1; i<=n-1; i++)                        执行 n-1 次
/* 内循环为每趟比较的次数  ，第i趟比较 n-i次 */       第i次执行 n-i次
    for (j=1; j<=n-i; j++) {
       /* 相邻元素比较,若逆序则交换(升序为左大于右,降序反之 ） */
            if (arr[j] > arr[j+1]) {           基本语句
            temp  = arr[j];
            arr[j] = arr[j+1];
            arr[j+1] = temp ;
            }
       }
}
```

图 4.15 求 1 到 n 的和

例如:求 $n!$ 的程序为如图 4.16 如示。基本语句为语句 2,执行的次数为 n 次,故时间复杂度为 $O(n)$。

```
void Fact(int n) {
   int m=1;
   for(int i = 1; i < =n; i++) {       // 循环次数为 n
     m=m*i;                            // 循环体时间复杂度为 O(1)
   }
   printf("m=%l",m);
}
```

图 4.16 冒泡排序算法的时间复杂度

严格的概念需要通过数据概念加以描述:若有某个辅助函数 $f(n)$,当 n 趋向于无穷大时,如果 $T(n)/f(n)$ 的极限为不等于零的常数,则认为 $T(n)$ 与 $f(n)$ 是同量级的函数,记作:$T(n)=O(f(n))$,$O(f(n))$ 称为算法的渐进时间复杂度,简称时间复杂度。渐进时间复杂度表示的意义是:(1) 在较复杂的算法中,进行精确分析是非常复杂的;(2) 一般来说,我们并不关心 $T(n)$ 的精确度量,而只是关心其量级。$O(f(n))$ 通常取执行次数中最高次方或最大指数部分的项。例如:

(1) 阵列元素相加为 $2n+3=O(n)$

(2) 矩阵相加为 $2n^2+2n+1=O(n^2)$

（3）矩阵相乘为 $2n^3+4n^2+2n+2=\mathrm{O}(n^3)$

另外还有其他两种记号：Θ 记号和 Ω 记号用于描述时间复杂度。

$\Theta(g(n))=f(n)$：存在正常数 $c1,c2$，和 $n0$，使得对所有 $n\geqslant n0$，有 $0\leqslant c1g(n)\leqslant f(n)\leqslant c2g(n)\}$，对任意一个函数 $f(n)$，若存在正常数 $c1,c2$，使当 n 充分大时，$f(n)$ 能被夹在 $c1g(n)$ 和 $c2g(n)$ 之间，则 $f(n)$ 属于集合 $\Theta(g(n))$。因为 $\Theta(g(n))$ 是一个集合，可以写成"$f(n)\in\Theta(g(n))$"，表示 $f(n)$ 是 $\Theta(g(n))$ 的元素。不过，通常写成"$f(n)=\Theta(g(n))$"来表示相同的意思。

因为任意一个常数都是 0 次的多项式，故可以把任何常函数表示成 $\Theta(n0)$ 或 $\Theta(1)$。我们经常使用 $\Theta(1)$ 表示一个常数或某变量的常函数。

Ω 记号：正如 O 记号给出一个函数的渐进上界，Ω 记号给出一个函数的渐进下界。$\Omega(g(n))=\{f(n)$：存在正常数 c 和 $n0$，使得对所有 $n\geqslant n0$，有 $0\leqslant cg(n)\leqslant f(n)\}$，读作 $g(n)$ 的大 Ω。

4.4.3　算法空间复杂度

考虑一个算法的优劣，不仅要考量它所用的时间上的差异，另外还要考虑它运行后占用的空间，不过对于现在的机器的单位内存的价格不再像以前那样高昂，所以当前主要还是考虑时间复杂度。但对于资源受限制的设备，空间复杂度也是要考虑的。下面从斐波那契数列（Fibonacci sequence）来了解一下空间复杂度。斐波那契数列就是 $1,1,2,3,5,8,13,\cdots$，此序列的第 n 项 a_n 与前两项之间的关系为 $a_n=a_{n-1}+a_{n-2}$，其递归方式实现的代码，其时间复杂度为 $\mathrm{O}\left(\left(\frac{1+\sqrt{5}}{2}\right)^n\right)$，如图 4.17 所示。

```
int fib(int)n
{
  if(n<2)
    return1;
  else
    return fib(n-1)+fib(n-2);
}
```

图 4.17　斐波那契数列的递归实现

另外一种方法是以空间换时间的方法，可以把数据放在表中，如表 4.1 所示，此表只写出了前 9 个元素，这样如果计算第 n 个元素只需要从表中直接提取这个元素即可，那么这个算法的时间复杂度为 $\mathrm{O}(1)$。算法中除了需要存储指令、常数、变量和输入的数据外，还需要额外的空间对工作的数据进行处理，这个空间就是辅助空间。一般来讲辅助的空间就是程序空间复杂度考查的对象，当然如果输入的数据与算法相关，那么输入本身也需要考虑在内，正如在此所讨论的问题。这个表作为输入是与算法相关的，所以该问题的时间复杂度需要考虑输入的空间，对于 n 个数据，则在表中需要存储 n 个数据，所以它的空间复杂度为 $\mathrm{O}(n)$。

表 4.1　斐波那契数列的顺序表示

1	1	2	3	5	8	13	21	34

总之,在评价一个算法的时候,首先考察算法应用的设备,如果设备的存储能力够大,则侧重考虑它的时间复杂度,否则也要考虑它的空间复杂度。

小　结

本章介绍了算法可以使用自然语言或类编程语言描述,不管怎么描述,算法的过程一定要清晰无歧义;算法的方法也比较多,我们在这里只需要了解各种方法的思想,具体的步骤及程序的实现可以在学习 C 语言及数据结构以后重新再回来学习,每次复习都会有不同的收获,当然有编程基础的同学可以把这些代码写出来帮助更好地理解。最后介绍了算法的评价方法,这里需要知道评价算法的时间复杂度计算方法以及这种计量的原因。

习　题

一、选择题

1. 下面概念中,哪些是算法的特性(　　)。

A. 有输入　　　　　B. 有输出　　　　　C. 有穷性　　　　　D. 确定性

2. 衡量一个算法好坏的标准是(　　)。

A. 运行速度快　　　B. 占用空间少　　　C. 时间复杂度低　　D. 代码短

3. 最小生成树算法性质是(　　)。

A. 权值最大　　　B. 顶点数量不确定　　C. 边的个数确定　　D. 最小生成树唯一

4. 设语句 x++的时间是单位时间,则以下语句的时间复杂度为(　　)。

```
for(i=1; i<=n; i++)
    for(j=i; j<=n; j++)
        x++;
```

A. O(1)　　　　　B. O(n^2)　　　　　C. O(n)　　　　　D. O(n^3)

5. 计算机算法指的是(　　)。

A. 计算方法　　　　　　　　　　B. 排序方法

C. 解决问题的有限运算序列　　　D. 调度方法

二、填空题

1. 下面程序段的时间复杂度是_____。

```
for (i=0;i<n;i++)
    for (j=0;j<n;j++)
        A[i][j]=0;
```

2. 下面程序段的时间复杂度是_____。

```
i=s=0;
while(s<n)
{   i++;
    s+=i;
}
```

三、基本知识题

1. 算法具有的 5 个属性的具体内容是什么?

2. 回溯法求解问题与穷举法有什么区别与联系?

3. 有不同价值{8,10,4,5,5}、不同体积{600,400,200,200,300}的 5 件物品装进 1 000 容量口袋,求从这 5 件物品中选取一部分物品的选择方案,使选中物品的总容量不超过指定的限制容量,但选中物品的价值之和最大,试写出使用贪心法求解的思路,并考虑它是否最优。

第 5 章

软件系统构造

本章导读

　　在软件系统构造过程中面向对象思想是一种程序设计思想,我们在面向对象思想的指引下,使用 UML 建模语言以及 Java 等面向对象程序设计语言去设计、开发计算机程序。在开发过程中,为了让程序尽可能地可重用,GoF 提出的设计模式是这方面探索的一块里程碑。

本章主要知识点

- ➤ 知识点 1　面向对象的思想与概念
- ➤ 知识点 2　面向对象程序设计语言
- ➤ 知识点 3　统一建模语言 UML 中类之间的关系
- ➤ 知识点 4　设计模式分类及设计原则

5.1　面向对象的基本思想与概念

5.1.1　什么是面向对象

　　面向对象是相对于面向过程来讲的,面向过程主要是分析出实现需求所需要的步骤,通过函数一步一步实现这些步骤,接着依次调用即可。早期的计算机编程是基于面向过程的方法,例如实现算术运算 $1+2+3=6$,通过设计一个算法就可以解决当时的问题。随着计算机技术的不断提高,计算机被用于解决越来越复杂的问题。

　　面向对象(Object Oriented)是一种软件开发方法,是在结构化设计方法出现很多问题的情况下应运而生的。其概念和应用已超越了程序设计和软件开发,扩展到如数据库系统、交互式界面、应用结构、应用平台、分布式系统、网络管理结构、CAD 技术、人工智能等领域。面向对象是把整个需求按照特点、功能划分,将这些存在共性的部分封装成对象,创建了对象不是为了完成某一个步骤,而是描述某个事物在解决问题的步骤中的行为。

例如,我们设计一个两人打桌球游戏(略过开球,只考虑中间过程)。

1. 面向过程思考方式

(1) Player 1 击球。

(2) 实现击球画面效果。

(3) 判断是否有效及进球。

(4) Player 2 击球。

(5) 实现击球画面效果。

(6) 判断是否有效及进球。

(7) 返回步骤(1)。

(8) 输出最终结果。

利用面向过程的设计方法,将上面(1)—(8)的步骤通过函数一步一步实现,这个需求就完成了。

2. 面向对象思考方式

针对两人打桌球游戏,利用面向过程思考方式,上述流程中存在很多共性的地方,将这些共性部分集中起来,设计成一个通用的结构:

(1) 玩家系统(包括 Player1 和 Player2)。

(2) 击球效果系统,负责展示给用户游戏时的画面。

(3) 规则系统,判断是否犯规,输赢等。

将繁琐的步骤,通过行为、功能,模块化,这就是面向对象。通过以上 3 步,甚至可以利用该程序,能快速实现 9 球和斯诺克等不同游戏(只需要修改规则即可,玩家系统,击球效果系统都是一致的)。

面向过程程序是由结构化的数据、过程的定义以及调用过程处理相应的数据组成的,利用面向过程设计的程序性能较高,但不易维护和复用,较难扩展,因此常用于单片机、嵌入式开发、Linux/Unix 等对性能要求较高的地方。

面向对象程序是由类定义、对象(类实例)和对象之间的动态联系组成的,用面向对象方法建立拟真系统的模型的过程就是从被模拟现实世界的感性具体中抽象要解决的问题概念的过程。利用面向对象设计的程序虽然性能较面向过程弱,但易维护、易复用、易扩展,此外面向对象还具有封装、继承、多态性的特性,可以设计出低耦合的系统,使系统更加灵活、更加易于维护。

5.1.2 面向对象的基本概念

一切事物皆对象,通过面向对象的方式,将现实世界的事物抽象成对象,现实世界中的关系抽象成类、继承,帮助人们实现对现实世界的抽象与数字建模。通过面向对象的方法,更利于用人理解的方式对复杂系统进行分析、设计与编程。同时,面向对象能有效提高编程的效率,通过封装技术,消息机制可以像搭积木的一样快速开发出一个全新的系统。

对于面向对象来说,基本的概念有类、对象、事件、消息等。

1. 类

在现实世界中,类是对一组具有共同特性(属性和行为)的客观对象的抽象。而在面向对象系统中,类是由程序员自定义的具有特定结构和功能的类型,是一种代码共享的手段。类的定义包含以下要素:

(1)定义该类对象的数据结构(属性的名称和类型)。

(2)对象所要执行的操作,也就是类的对象要调用执行哪些操作,以及执行这些操作时对象要执行哪些操作,如数据库操作等。

2. 对象

对象:类的某个具体实例。在现实世界中,对象就是可以感觉到的实体。每个对象具有一个特定的名字以区别于其他对象;具有一组属性用来描述它的某些特性;具有一组行为,每一个行为决定对象的一种功能或操作(为自身服务的操作和为其他对象提供服务的操作)。

(1)属性:对象所包含的信息,某方面的特征。

(2)行为(方法):对象所执行的功能。

类相当于盖楼房的图纸一样,虽然定义了有哪些成员,但并没有实际的空间;类可以实例化出多个对象,实例化出的对象占有实际空间(用来存储成员变量)。

3. 事件

事件通常是指一种由系统预先定义而由用户或系统发出的动作。当使用某一系统的时候,我们单击一个按钮,这时通常会显示相应的信息。以“学生信息管理系统”为例,我们单击界面上某一个按钮的时候,就会显示出当前查询学生的具体信息。那么,程序是如何运行的呢?

(1)“学生信息管理系统”界面的某个按钮发送鼠标点击事件的消息给相应的对象。

(2)对象接收到消息后有所反应,它提供学生的相关信息给界面。

(3)界面将学生的具体信息显示出来,完成任务。

在这个过程中,我们首先要出发一个事件,然后发送消息,那么什么是消息呢?

4. 消息

消息是实例之间传递的信息,它请求对象执行某一处理或回答某一要求的信息,它统一了数据流和控制流。一个消息由三部分组成:接收消息的对象的名称、消息标识符(消息名)和零个或多个参数。

对象通过对外提供的方法在系统中发挥自己的作用,当系统中的其他对象请求这个对象执行某个方法时,就向该对象发送一个消息,对象响应这个请求,完成指定的操作。程序的执行取决于事件发生的顺序,由顺序产生的消息来驱动程序的执行,不必预先确定消息产生的顺序。

5.1.3　面向对象的主要特征

抽象、封装、继承、多态是面向对象的基本特征。正是这些特征使得程序的安全性、可靠性、可重用性和易维护性得以保证。

1. 抽象

现如今,人们每天都有获得各种各样的大量信息,比如电子邮件、新闻信息等,但是我们的大脑懂得如何去简化我们所接收的信息,从中提取出重要的部分,让信息细节通过抽象(Abstraction)过程进行管理。通过抽象我们可以做到以下几点:

(1)将需要的事物进行简化

通过抽象能够识别和关注当前状况或物体的主要特征,淘汰所有非本质信息。也就是说通过抽象可以忽略事物当中与当前目标无关的非本质特征,强调与当前目标有关的特征。以学生信息管理系统为例。从学生的角度来看,关注的是学生信息的浏览和在线信息的完善。对于网站管理人员,关注的往往是能否维护好网站的数据等。

(2)将事物特征进行概括

如果我们能够从一个抽象模型中除去足够多的细节,那它将变得非常通用,能够适用于多种情况或场合。例如,以学生用户为例,我们抽象出"学号""姓名""性别""年龄"等来描述学生,这些特征能够描绘出学生的一般功能。

(3)将抽象模型组织为层次结构

我们能够通过抽象按照一定的标准将信息系统地进行分类处理,以此来应付系统的复杂性,这个过程被称为分类。例如,食品中包括蔬菜、水果、肉类。我们按照各种不同的分类规则还可以将蔬菜继续分为叶菜类、根茎类、菌菇类等,直到能够构造出一个自顶向下渐趋复杂的抽象层次结构为止。图 5.1 所示的是食品抽象层次的结构。

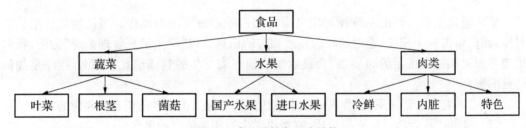

图 5.1　食品的抽象层次结构

(4)将软件重用得以保证

抽象强调实体的本质和内在的属性。我们在认知新的东西的时候,通常会搜索以前创建和掌握的抽象模型,用来更好地抽象。当我们认知到自行车后,会抽取出自行车的抽象模型,当我们去认知电动车的时候通常会自动联想到自行车。我们将这种进行特性对比,并且找到可供重用的近似抽象的过程,称为模式匹配和重用。在软件系统开发过程中,模式匹配和重用也是面向对象软件开发的重要技术之一,它避免了每做一个项目必须重新开始的麻烦。如果能够充分利用抽象的过程,在项目实施中将获得极大的生产力。

2. 封装

封装是一种信息隐蔽技术,它体现于类的说明,是对象的重要特性。封装使数据和加工该数据的方法(函数)封装为一个整体,以实现独立性很强的模块,使得用户只能见到对象的外特性(对象能接受哪些消息,具有哪些处理能力),而对象的内特性(私有属性,即保存内部状态的私有数据和实现加工能力的算法)对用户是隐蔽的。封装的目的在于把对象的设计者和对象的使用者分开,使用者不必知晓行为实现的细节,只须用设计者提供的消息来访问该对象。通过公共访问控制器来限制对象的私有属性有以下优点。

(1)避免对封装数据的未授权访问。

（2）帮助保护数据的完整性。

（3）当类的私有方法必须修改时，限制了在整个应用程序内的影响。

3. 继承

继承性是子类自动共享父类之间数据和方法的机制。它由类的派生功能体现。一个类直接继承其他类的全部描述，同时可修改和扩充。继承具有传递性。继承分为单继承（一个子类只有一个父类）和多重继承（一个子类有多个父类）。类的对象是各自封闭的，如果没继承性机制，则类对象中数据、方法就会出现大量重复。继承不仅支持系统的可重用性，而且还促进系统的可扩充性。以"学生信息管理系统"为例，用户可以分为学生、教师和系统管理员等，我们通过抽象实现一个用户类后，可以用继承的方式分别实现学生、教师和系统管理员类，并且这些类包含用户的特性，图 5.2 展示了这样的一个继承结构。

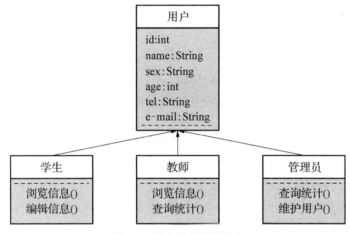

图 5.2　用户类的继承结构

在软件开发过程中，继承性实现了软件模块的可重用性、独立性，缩短了开发周期，提高了软件的开发效率，同时使软件易于维护和修改。

4. 多态

对象根据所接收的消息而做出动作。同一消息为不同的对象接受时可产生完全不同的行动，这种现象称为多态性。利用多态性用户可发送一个通用的信息，而将所有的实现细节都留给接受消息的对象自行决定，如是，同一消息即可调用不同的方法。例如：Print 消息被发送给一图或表时调用的打印方法与将同样的 Print 消息发送给一正文文件而调用的打印方法会完全不同。多态性的实现受到继承性的支持，利用类继承的层次关系，把具有通用功能的协议存放在类层次中尽可能高的地方，而将实现这一功能的不同方法置于较低层次，这样，在这些低层次上生成的对象就能给通用消息以不同的响应。在面向对象程序设计语言中可通过在派生类中重定义基类函数（定义为重载函数或虚函数）来实现多态性。

5.1.4　面向对象的项目设计

面向对象设计是把分析阶段得到的需求转变成符合成本和质量要求的、抽象的系统实现方案的过程。从面向对象分析到面向对象设计是一个逐渐扩充模型的过程。

1. 面向对象设计的准则

面向对象设计的准则包括模块化、抽象、信息隐藏、高内聚和低耦合等特征,下面对这些特征进行逐一介绍。

(1) 模块化

在面向对象的项目设计中,模块是可组合、分解和更换的单元。模块化是一种处理复杂系统分解成为更好的可管理模块的方式。它可以通过在不同组件设定不同的功能,把一个问题分解成多个小的独立、互相作用的组件,来处理复杂、大型的软件。

(2) 抽象

软件设计中考虑模块化解决方案时,可以定出多个抽象级别。抽象的层次从概要设计到详细设计逐步降低。

(3) 信息隐藏

是指在一个模块内包含的信息(过程或数据),对于不需要这些信息的其他模块来说是不能访问的。

(4) 高内聚和低耦合

内聚性是信息隐蔽和局部化概念的自然扩展。内聚性是度量一个模块功能强度的一个相对指标。内聚是从功能角度来衡量模块的联系,它描述的是模块内的功能联系。一个模块的内聚性越强,则该模块的模块独立性越强。

耦合性是模块之间互相连接的紧密程度的度量。耦合性取决于各个模块之间接口的复杂度、调用方式以及哪些信息通过接口。一个模块与其他模块的耦合性越强则该模块的模块独立性越弱。

一般较优秀的软件设计,应尽量做到高内聚,低耦合,即减弱模块之间的耦合性和提高模块内的内聚性,有利于提高模块的独立性。

2. 面向对象设计的规则

在面向对象设计中,可以通过使用一些实用的规则来指导我们进行面向对象的设计。通常这些面向对象设计的规则包含以下内容。

(1) 设计的结果应该清晰易懂。

(2) 一般到具体结构的深度应适当。

(3) 尽量设计小而简单的类。

(4) 使用简单的消息协议。

(5) 使用简单的函数或方法。

(6) 把设计变动减至最小。

5.1.5 面向对象开发的优点

面向对象开发和传统的软件开发相比,具有以下一些明显的优点。

(1) 易维护

采用面向对象思想设计的结构,可读性高,由于继承的存在,即使改变需求,那么维护也只是在局部模块,所以维护起来非常方便,成本较低。

(2) 质量高

在设计时,可重用现有的模块,它们在以前的项目领域中已被测试过,满足业务需求并具有较高的质量。

（3）效率高

在软件开发时，根据设计的需要对现实世界的事物进行抽象，产生类。使用这样的方法解决问题，接近于日常生活和自然的思考方式，势必提高软件开发的效率和质量。

（4）易扩展

由于继承、封装、多态的特性，自然设计出高内聚、低耦合的系统结构，使得系统更灵活、更容易扩展，而且成本较低。

（5）结构明晰，可读性强

非 OOP（面向对象程序设计）语言的源代码可读性较差，需要看大量的函数，然后体会其中的关系，而 OOP 通过读函数名和类名就可以较快地理解软件或网站开发程序中源代码之间的关系。

（6）安全性

由于封装隐藏了重要的数据和实现细节，使得软件或网站开发程序代码更加易于维护，更加安全。

5.2 面向对象程序设计语言

自 20 世纪 60 年代以来，世界上公布的程序设计语言已有上千种之多，但是只有很小一部分得到了广泛的应用。从发展历程来看，程序设计语言可以分为 4 代。从描述客观系统来看，程序设计语言可以分为面向过程语言和面向对象语言。现在面向对象语言主流的有以下几种。

1. C++语言

C++是 C 语言的继承，它既可以进行 C 语言的过程化程序设计，又可以进行以抽象数据类型为特点的基于对象的程序设计，还可以进行以继承和多态为特点的面向对象的程序设计。C++擅长面向对象程序设计的同时，还可以进行基于过程的程序设计，因而 C++就适应的问题规模而论，大小由之。C++不仅拥有计算机高效运行的实用性特征，同时还致力于提高大规模程序的编程质量与程序设计语言的问题描述能力。

2. Java 语言

Java 是一门面向对象编程语言，不仅吸收了 C++语言的各种优点，还摒弃了 C++里难以理解的多继承、指针等概念，因此 Java 语言具有功能强大和简单易用两个特征。Java 语言作为静态面向对象编程语言的代表，极好地实现了面向对象理论，允许程序员以优雅的思维方式进行复杂的编程。Java 具有简单性、面向对象、分布式、健壮性、安全性、平台独立与可移植性、多线程、动态性等特点。Java 可以编写桌面应用程序、Web 应用程序、分布式系统和嵌入式系统应用程序等。

3. C♯语言

C♯是微软公司发布的一种面向对象的、运行于.NET Framework 之上的高级程序设计语言。C♯看起来与 Java 有着惊人的相似，它包括了诸如单一继承、接口、与 Java 几乎同样的语法和编译成中间代码再运行的过程。但是 C♯与 Java 有着明显的不同，它借鉴了

Delphi 的一个特点，与 COM（组件对象模型）是直接集成的，而且它是微软公司.NET Windows 网络框架的主角。它在继承 C 和C++强大功能的同时去掉了一些它们的复杂特性（例如没有宏以及不允许多重继承）。C♯综合了 VB 简单的可视化操作和C++的高运行效率，以其强大的操作能力、优雅的语法风格、创新的语言特性和便捷的面向组件编程的支持成为.NET 开发的首选语言。

4. Python 语言

Python 是一种面向对象的解释型计算机程序设计语言，源代码和解释器 CPython 遵循 GPL（GNU General Public License）协议，语法简洁清晰，特色之一是强制用空白符（white space）作为语句缩进。Python 具有丰富和强大的库，它常被昵称为胶水语言，能够把用其他语言制作的各种模块（尤其是 C/C++）很轻松地联结在一起。常见的一种应用情形是，使用 Python 快速生成程序的原型（有时甚至是程序的最终界面），然后对其中有特别要求的部分，用更合适的语言改写，比如 3D 游戏中的图形渲染模块，性能要求特别高，就可以用 C/C++重写，而后封装为 Python 可以调用的扩展类库。自从 20 世纪 90 年代初诞生至今，它已被逐渐广泛应用于系统管理任务的处理和 Web 编程。

5.3 统一建模语言 UML

5.3.1 软件建模简介

1. 什么是模型

模型（model）是指对于某个实际问题或客观事物、规律进行抽象后的一种形式化表达方式。从一个建模角度出发，模型就是要抓住事物最重要的方面而简化或忽略其他方面。建立模型的过程，称为建模。

模型提供了系统的蓝图。它既可以包括详细的计划，也可以包括系统的总体计划。每个系统都可以从不同方面用不同模型来描述刻画，每个模型都是在一个特定语义上闭合的系统抽象。

软件系统的模型用建模语言来表达，包括语义信息和表示法，可以使用图形和文字等多种不同形式。

2. 建模的重要性

如果你要建造一座高层办公大厦，若还是先备好木料、钉子和一些基本工具就开始工作，那将是非常不可取的。因为你所使用的资金可能是别人的，他们会对建筑物的规模、形状和风格做出要求。同时，他们经常会改变想法，甚至是在工程已经开工之后。由于失败的代价太高了，因此你必须要做大量的计划。负责建筑物设计和施工的组织机构是庞大的，你只是其中的一个组成部分。这个组织将需要各种各样的设计图和模型，以供各方相互沟通。只要你得到了合适的人员和工具，并对把建筑概念转换为实际建筑的过程进行积极的管理，你将会建成这座满足使用要求的大厦。如果你想继续从事建筑工作，那么你一定要在使用要求和实际的建筑技术之间做好平衡，并且处理好组员们的休息问题，既不能把他们置于风险之中，也不能驱使他们过分辛苦地工作以至于精疲力竭。

奇怪的是,很多软件开发组织开始想建造一座大厦式的软件,而在动手处理时却好像他们正在仓促地造一个狗窝。如果你真正想建造一个相当于房子或大厦类的软件系统,问题可不是仅仅要写许多软件。事实上,关键是要编出正确的软件,并考虑怎样少写软件。要生产合格的软件就要有一套关于体系结构、过程和工具的规范。即使如此,很多项目开始看起来像狗窝,但随后发展得像大厦,原因很简单,它们是自己成就的牺牲品。如果对体系结构、过程或工具的规范没有作任何考虑,哪怕狗窝会膨胀成大厦,也会由于其自身的质量问题而倒塌。

一个成功的软件组织有很多成功的因素,其中共同的一点就是对建模的采用。人对复杂问题的理解能力是有限的,建模可以帮助理解正在开发的系统,帮助开发者缩小问题的范围,每次着重研究一个方面,进而对整个系统产生更加深刻的理解。可以说,越大越复杂的系统,建模的重要性也越大。建模对一个系统主要有以下几点作用。

(1) 帮助我们按照实际情况或按照我们所需要的样式对系统进行可视化。

(2) 允许我们详细说明系统的结构或行为。

(3) 给出了一个指导我们构造系统的模板。

(4) 对我们做出的决策进行文档化。

3. 建模的基本原理

每个项目都能从一些建模中受益。即使在可随意使用软件的领域里,由于可视化编程语言的效率,有时扔掉不适合的软件是更有效的,建模能帮助项目开发小组更好地对系统计划进行可视化,这有助于他们正确地实施工作,使开发工作进展得更快。如果根本没建模,项目越复杂,就越有可能失败或做错事情。有一个自然趋势:随着时间的推移,所有引人关注的实用系统都会变得越来越复杂。虽然你今天可能认为不需要建模,但随着系统的演化,你会对这个决定感到后悔,但那时为时已晚。

各种工程学科都有其丰富的建模使用历史。这些经验形成了建模的四项基本原理,分别叙述如下。

(1) 选择要创建什么模型对如何动手解决问题和如何形成解决方案有着意义深远的影响。

换句话说,就是要好好地选择模型。正确的模型将清楚地阐明难以对付的开发问题,提供不能轻易地从别处获得的洞察力;错误的模型将误导你,使你把精力花在不相关的问题上。对于软件而言,你所选择的模型将在很大程度上影响你对世界的看法。

(2) 可以在不同的层次级别上表示不同的模型。

如果你正在建造一座大厦,有时你需要从宏观上让投资者看到大厦的样子,感觉到大厦的总体效果。而有时你又需要认真考虑细节问题,例如,对复杂棘手的管道的铺设,或对少见的结构件的安置等,对于软件模型也是如此。在任何情况下,最好的模型应该是这样的:它可以让你根据观察的角色以及观察的原因选择它的详细程度。

(3) 最好的模型是与现实相联系密切。

如果一所建筑的物理模型不能以与真实的建筑相同的方式做出反映,则它的价值是很有限的。一架飞机的数学模型,如果只是假定了理想条件和完美制造,可能会掩盖一些潜在的、致命的现实特征。最好是有一个能够清晰地联系实际的模型,而当联系很薄弱时能够精确地知道这些模型怎样与现实相脱离。所有的模型都对现实进行了简化,但有一点要记住,不能简化掉任何重要的细节。

（4）单个模型是不充分的。

对每个重要的系统最好用一组几乎独立的模型去处理。如果你正在建造一所建筑物，你会发现没有任何一套单项设计图能够描述该建筑的所有细节。至少你需要基础计划、电梯计划、电气计划、供热计划和水管装置计划。在这里的重要短语是"几乎独立的"。在这个语境中，它意味着各种模型能够被分别进行研究和构造，但它们仍然是相互联系的。如同搞建筑一样，你能够单独地研究电气计划，但你也能看到它与之对照的基础计划，甚至它与水管装置计划中的管子排布的相互影响。

5.3.2　UML 简述

1. UML 概念

统一建模语言（Unified Modeling Language，UML），又称标准建模语言。是用来对软件密集系统进行可视化建模的一种语言。UML 的定义包括 UML 语义和 UML 表示法两个元素。

UML 是在开发阶段，说明、可视化、构建和书写一个面向对象软件密集系统的制品的开放方法。最佳的应用是工程实践，对大规模复杂系统进行建模方面，特别是在软件架构层次，已经被验证有效。统一建模语言（UML）是一种模型化语言。模型大多以图表的方式表现出来。一份典型的建模图表通常包含几个块或框，连接线和作为模型附加信息之用的文本。这些虽简单却非常重要，在 UML 规则中相互联系和扩展。

2. UML 的作用

UML 的作用是以面向对象图的方式来描述任何类型的系统，具有很宽的应用领域。其中最常用的是建立软件系统的模型，但它同样可以用于描述非软件领域的系统，如机械系统、企业机构或业务过程，以及处理复杂数据的信息系统、具有实时要求的工业系统或工业过程等。总之，UML 是一个通用的标准建模语言，可以对任何具有静态结构和动态行为的系统进行建模，而且适用于系统开发的不同阶段，从需求规格描述直至系统完成后的测试和维护。

3. UML 的特点

（1）UML 统一了各种方法对不同类型的系统、不同开发阶段以及不同内部概念的不同观点，从而有效地消除了各种建模语言之间不必要的差异。它实际上是一种通用的建模语言，可以为许多面向对象建模方法的用户广泛使用。

（2）UML 建模能力比其他面向对象建模方法更强。它不仅适合于一般系统的开发，而且对并行、分布式系统的建模尤为适宜。

（3）UML 是一种建模语言，而不是一个开发过程。

5.3.3　类、接口和类图

1. 类

类（Class）是指具有相同属性、方法和关系的对象的抽象，它封装了数据和行为，是面向对象程序设计（OOP）的基础，具有封装性、继承性和多态性等三大特性。在 UML 中，类使用包含类名、属性和操作且带有分隔线的矩形来表示。

（1）类名（Name）是一个字符串。例如：表示学生类的类名 Student。

（2）属性（Attribute）是指类的特性，即类的成员变量。UML 按以下格式表示：

[可见性]属性名:类型[＝默认值]

此处,"可见性"表示该属性对类外的元素是否可见,包括公有(Public)、私有(Private)、受保护(Protected)和朋友(Friendly)4 种,在类图中分别用符号＋、－、♯、～表示。

例如:－name:String

(3) 操作(Operations)是类的任意一个实例对象都可以使用的行为,是类的成员方法。UML 按以下格式表示:

[可见性]名称(参数列表)[:返回类型]

例如:＋study():void。

图 5.3 所示是学生类的 UML 表示。

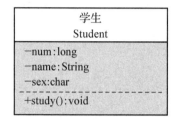 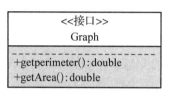

图 5.3 **Student 类**　　　　图 5.4 **Graph 接口**

2. 接口

接口(Interface)是一种特殊的类,它具有类的结构但不可被实例化,只可以被子类实现。它包含抽象操作,但不包含属性。它描述了类或组件对外可见的动作。图 5.4 所示是图形类接口的 UML 表示。

3. 类图

类图(Class Diagram)是用来显示系统中的类、接口、协作以及它们之间的静态结构和关系的一种静态模型。它主要用于描述软件系统的结构化设计,帮助人们简化对软件系统的理解,它是系统分析与设计阶段的重要产物,也是系统编码与测试的重要模型依据。

类图中的类可以通过某种编程语言直接实现。类图在软件系统开发的整个生命周期都是有效的,它是面向对象系统的建模中最常见的图。图 5.5 所示是"计算长方形和圆形的周长与面积"的类图,图形接口有计算面积和周长的抽象方法,长方形和圆形实现这两个方法供访问类调用。

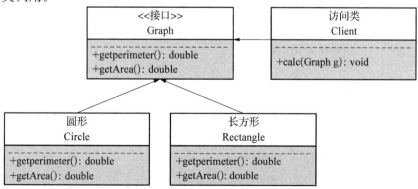

图 5.5 **"计算长方形和圆形周长和面积"的类图**

5.3.4 类之间的关系

在 UML 的定义中,描述类和对象之间的关系,包括以下几种方式:依赖(Dependency)、关联(Association)、聚合(Aggregation)、组合(Composition)、泛化(Generalization)和实现(Realization)等。

1. 依赖(Dependency)

"依赖"表示为带箭头的虚线,箭头指向被依赖的元素,是类与类之间的连接,表示为一个类依赖于另一个类的定义,其中一个类的变化将影响另一个类。依赖总是单向的,不应该存在双向依赖,这一点要特别注意。更具体地说,依赖可以理解为:一个类 ClassA 对不在其实例作用域内的另一个类或对象 ClassB 的任何类型的引用。大致包含以下几种情况。

(1) 局部变量。

(2) 方法的参数。

(3) 静态方法的调用。

依赖关系的 UML 示意图如图 5.6 所示。

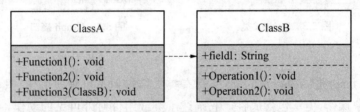

图 5.6 依赖关系

在图 5.6 中,可以简单地理解,某人要过河,需要借用一条船,此时人与船之间的关系就是依赖。就是一个类 ClassA 使用到了另一个类 ClassB,而这种使用关系是具有偶然性的、临时性的、非常弱的,但是 ClassB 类的变化会影响到 ClassA。表现在代码层面为类 ClassB 作为参数被类 ClassA 在某个方法中使用。对应的 Java 程序代码如下:

```
1.  public class ClassA
2.  {
3.        //局部变量
4.        public void Function1()
5.        {
6.              ClassB b = new ClassB();
7.              b.Operation1();
8.        }
9.        //静态调用
10.       public void Function2()
11.       {
12.             ClassB.Operation2();
13.       }
```

```
14.         //方法参数
15.         public void Function3(ClassB param)
16.         {
17.                 String s = param.field1;
18.         }
19. }
```

2. 关联(Association)

关联表示为带箭头的实线。关联可以是单向的,也可以是双向的。如果是双向关联,则可以表示为双向箭头,或者没有箭头。一般来说,系统设计应表现为单向关联,这样利于维护。一个关联可以附加"多重性"的修饰符,表示两个类之间的数量关系。关联可以理解为一个类 ClassA 持有另一个类或对象 ClassB。具体表现为:成员变量。

关联关系的 UML 示意图如图 5.7 所示。

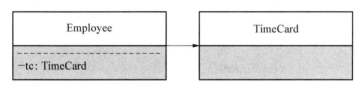

图 5.7　关联关系

在图 5.7 的关联表示中,一个 Employee 持有 0 个或多个 TimeCard。对应的 Java 程序代码如下:

```
1.  public class Employee
2.  {
3.          private TimeCard tc;
4.          public TimeCard getTc()
5.          {
6.                  return tc;
7.          }
8.          public void setTc(TimeCard tc)
9.          {
10.                 this.tc = tc;
11.         }
12. }
```

3. 聚合(Aggregation)

聚合关系表示为空心的菱形箭头线。聚合关系是关联关系的一种,表示一种"强"关联关系。关联关系的两个类是处于同一个层次的;而聚合关系的两个类处于不同的层次,强调了一个整体/局部的关系。例如一辆汽车有 1 个引擎,4 个轮胎,汽车对象由轮胎对象聚合而成,但是轮胎对象的生命期并不受汽车对象的左右。当汽车对象销毁时,轮胎对象也可以单独存在。

聚合关系的 UML 示意图如图 5.8 所示。

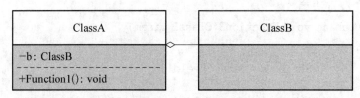

图 5.8　聚合关系

在图 5.8 的聚合关系中，体现了一种"弱拥有"的概念。也就是说，ClassA 对象拥有 ClassB 对象，但 ClassB 并不是 ClassA 的组成部分。更具体的表现为，如果 ClassA 由 ClassB 聚合而成，则 ClassA 包含 ClassB 的全局对象，但 ClassB 对象可以不在 ClassA 对象创建时创建。对应的 Java 程序代码如下：

```
1.  public class ClassA
2.  {
3.          private ClassB b;
4.          public void Function1()
5.          {
6.                  b = new ClassB();
7.          }
8.  }
```

从代码上看，聚合和关联没有任何区别，这里仅仅体现一种概念上的含义。在创建 ClassA 的时候，不一定需要同时创建 ClassB 的对象，可以在调用函数时才实现。当然，也可以在 ClassA 的构造函数时创建 ClassB 的对象。

4. 组合（Composition）

组合也叫合成，在 UML 图中表示为实心菱形箭头线。合成关系强调了比聚合关系更加强的整体和部分的关联，例如人和四肢。和聚合关系所不同的是，在组合关系中，虽然局部不一定随着整体的销毁而销毁，但整体要么负责保持局部的存活状态，要么负责将其销毁。也就是说，组合关系中，局部的存活期一定是小于等于整体的存活期的。

组合关系的 UML 示意图如图 5.9 所示。

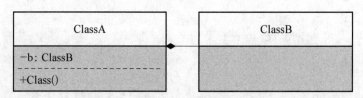

图 5.9　组合关系

对应的 Java 程序代码如下：

```
1.  public class ClassA
2.  {
3.          private ClassB b;
4.          public ClassA()
```

```
5.          {
6.                  b = new ClassB();
7.          }
8.  }
```

从代码上看,ClassB 的对象的创建一定是在 ClassA 的构造函数中。

5. 泛化(Generalization)

泛化也就是通常所谓的继承关系,在 UML 中表示为一个带空心三角的实线。表示为"is-a"的关系,是对象间耦合度最大的一种关系,子类继承父类的所有细节,并可以在此基础上添加自己的特性。

泛化关系的 UML 示意图如图 5.10 所示。

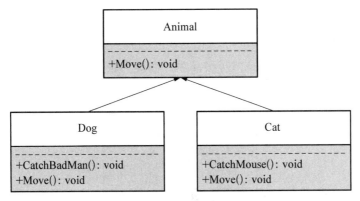

图 5.10 泛化关系

对应的 Java 程序代码如下:

```
1.  public abstract class Animal
2.  {
3.          public abstract void Move();
4.  }
5.  public class Dog extends Animal
6.  {
7.
8.          public void CatchBadMan()
9.          {
10.                 //CatchBadMan
11.         }
12.         public void Move()
13.         {
14.                 //Dog Moves
15.         }
16. }
```

```
17.  public class Cat extends Animal
18.  {
19.
20.      public void CatchMouse()
21.      {
22.          //CatchMouse
23.      }
24.      public void Move()
25.      {
26.          //Cat Moves
27.      }
28.  }
```

6. 实现(Realization)

所谓实现就是对接口的定义实现,很简单。表现为带箭头的虚线。实现关系的 UML 示意图如图 5.11 所示。

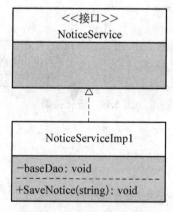

图 5.11 实现关系

对应的 Java 程序代码如下:

```
1.  public interface NoticeService
2.  {
3.      public void ServiceMethod();
4.  }
5.  public class NoticeServiceImpl implements NoticeService
6.  {
7.      public void ServiceMethod()
8.      {
9.          //实现接口方法
10.     }
11. }
```

5.3.5　UML 图

截止 UML2.0 一共有 12 种图形(UML1.5 定义了 9 种,2.0 增加了 3 种)。分别是:用例图、类图、对象图、状态图、活动图、顺序图、协作图、构件图、部署图 9 种,包图、组合结构图、交互概览图 3 种。

1. 用例图

从用户角度描述系统功能。描述角色以及角色与用例之间的连接关系。说明的是谁要使用系统,以及他们使用该系统可以做些什么。一个用例图包含了多个模型元素,如参与者、用例及参与者与用例之间的关系等,这些关系包括泛化、关联、依赖等。

2. 类图

描述系统中类的静态结构。类图是描述系统中的类,以及各个类之间的关系的静态视图。能够让我们在正确编写代码前对系统有一个全面的认识。类图是一种模型类型,确切地说,是一种静态模型类型。类图表示类、接口和它们之间的协作关系。

3. 对象图

系统中的多个对象在某一时刻的状态。与类图极为相似,它是类图的实例,对象图显示类的多个对象实例,而不是实际的类。它描述的不是类之间的关系,而是对象之间的关系。

4. 状态图

是描述状态到状态控制流,常用于动态特性建模。描述类的对象所有可能的状态,以及事件发生时状态的转移条件。可以捕获对象、子系统和系统的生命周期。他们可以告知一个对象可以拥有的状态,并且事件(如消息的接收、时间的流逝、错误、条件变为真等)会怎么随着时间的推移来影响这些状态。一个状态图应该连接到所有具有清晰的可标识状态和复杂行为的类;该图可以确定类的行为,以及该行为如何根据当前的状态变化,也可以展示哪些事件将会改变类的对象的状态。状态图是对类图的补充。

5. 活动图

描述了业务实现用例的工作流程。描述用例要求所要进行的活动,以及活动间的约束关系,有利于识别并行活动。能够演示出系统中哪些地方存在功能,以及这些功能和系统中其他组件的功能如何共同满足前面使用用例图建模的商务需求。

6. 顺序图

对象之间的动态合作关系,强调对象发送消息的顺序,同时显示对象之间的交互。顺序图(序列图)是用来显示你的参与者如何以一系列顺序的步骤与系统的对象交互的模型。顺序图可以用来展示对象之间是如何进行交互的。顺序图将显示的重点放在消息序列上,即强调消息是如何在对象之间被发送和接收的。

7. 协作图

描述对象之间的协助关系。和顺序图相似,显示对象间的动态合作关系。可以看成是类图和顺序图的交集,协作图建模对象或者角色,以及它们彼此之间是如何通信的。如果强调时间和顺序,则使用顺序图;如果强调上下级关系,则选择协作图;这两种图合称为交互图。

8. 构件图

一种特殊的 UML 图来描述系统的静态实现视图。构件图又叫组件图,描述代码构件的物理结构以及各种构建之间的依赖关系。用来建模软件的组件及其相互之间的关系,这些图由构件标记符和构件之间的关系构成。在组件图中,构件是软件单个组成部分,它可以是一个文件、产品、可执行文件和脚本等。

9. 部署图

定义系统中软硬件的物理体系结构。部署图又叫配置图,是用来建模系统的物理部署。例如计算机和设备,以及它们之间是如何连接的。部署图的使用者是开发人员、系统集成人员和测试人员。部署图用于表示一组物理结点的集合及结点间的相互关系,从而建立了系统物理层面的模型。

10. 包图

对构成系统的模型元素进行分组整理的图。包图用于描述系统的分层结构,由包或类组成,表示包与包之间的关系。

11. 组合结构图

表示类或者构建内部结构的图。

12. 交互概览图

用活动图来表示多个交互之间的控制关系的图。

5.4 设计模式

5.4.1 软件设计模式概述

1. 设计模式的概念

设计模式(Design pattern)是一套被反复使用、多数人知晓的、经过分类编目的、代码设计经验的总结。使用设计模式是为了可重用代码、让代码更容易被他人理解、保证代码可靠性。项目中合理地运用设计模式可以完美地解决很多问题,每种模式在现实中都有相应的原理来与之对应,描述了一个在我们周围不断重复发生的问题,以及该问题的核心解决方案。

2. 学习设计模式的意义

设计模式的本质是面向对象设计原则的实际运用,是对类的封装性、继承性和多态性以及类的关联关系和组合关系的充分理解。学习设计模式具有以下意义:

(1) 可以提高程序员的思维能力、编程能力、设计能力。

(2) 使程序设计更加标准化、代码编制更加工程化,使软件开发效率大大提高,从而缩短软件的开发周期。

(3) 使设计的代码可重用性高、可读性强、可靠性高、灵活性好、可维护性强。

当然,在具体的软件开发过程中,必须根据设计的应用系统的特点和要求来恰当选择。

对于简单的程序开发,可能写一个简单的算法要比引入某种设计模式更加容易。但对于大型项目的开发或架构设计,用设计模式来实现显然会更好。

3. 设计模式的基本要素

设计模式使开发者更加简单方便地复用成功的设计和体系结构,其通常包含以下几个基本要素:

(1) 模式名称(pattern name):一个助记名,它用一两个词来描述模式的问题、解决方案和效果。

(2) 问题(problem):描述了应该在何时使用模式。它解决了设计问题和问题存在的前后因果,它可能描述了特定的设计问题,也可能描述了导致不灵活设计的类或对象结构。

(3) 解决方案(solution):描述了设计的组成成分,它们之间的相互关系及各自的职责和协作方式。

(4) 效果(consequences):描述了模式应用的效果及使用模式应权衡的问题。

5.4.2　设计模式遵循的原则

1994 年,在由 GoF 出版的著作《Design Patterns-Elements of Reusable Object-Oriented Software(设计模式——可复用的面向对象软件基础)》中提出,设计模式应该遵循以下两条面向对象设计原则:

(1) 对接口编程而不是对实现编程。

(2) 优先使用对象组合而不是继承。

以上两条设计原则可以理解为:变量的声明尽量使用超类型(父类),而不是某个具体的子类,超类型中的各个具体方法的实现都是写在不同的子类中。程序在执行时能够根据不同的情况来调用到不同的子类方法,这样做更加灵活,并且在声明一个变量时无需关心以后执行时的真正的数据类型是哪种(某个子类类型),这是一种松耦合的思想。以上两条原则对应的 Java 程序代码如下:

```
1.  public interface Animal
2.  {
3.        public void makeNoise();
4.  }
5.  public class Dog implements Animal
6.  {
7.        public void makeNoise()
8.        {
9.              System.out.println("汪汪...");
10.       }
11. }
12. class Cat implements Animal
13. {
14.       public void makeNoise()
```

```
15.        {
16.               System.out.println("喵喵...");
17.        }
18. }
19. public class AnimalTest
20. {
21.        public static void hearNoise(Animal animal)
22.        {
23.               animal.makenoise();
24.        }
25.        public static void main(String[ ] args)
26.        {
27.               AnimalTest.hearNoise(new Dog());
28.               AnimalTest.hearNoise(new Cat());
29.        }
30. }
31.
32. 执行结果:
33. 汪汪...
34. 喵喵...
```

随着软件项目的经验增加与深入,逐渐感觉到软件在代码上的冗余不断提高与可维护性的降低,亟待软件设计思想来指导软件开发使得软件更加具有可维护性、可复用性和可拓展性,并达到软件的高内聚低耦合目标。设计模式体现的是软件设计的思想,而不是软件技术,它重在使用接口与抽象类来解决各种问题。在使用这些设计模式时,应该具体遵循六大原则。

1. 开闭原则(Open Close Prinprinciple)

开闭原则的意思是:对扩展开放,对修改关闭。在程序需要进行拓展的时候,不能去修改原有的代码,实现一个热插拔的效果。简言之,是为了使程序的扩展性好,易于维护和升级。想要达到这样的效果,需要使用接口和抽象类。

2. 里氏代换原则(Liskov Substitution Principle)

里氏代换原则可以理解为:任何父类可以出现的地方,子类一定可以出现,且尽量不要重写父类的方法。里氏代换原则是对开闭原则的补充,实现开闭原则的关键步骤就是抽象化,而父类与子类的继承关系就是抽象化的具体实现,所以里氏代换原则是对实现抽象化的具体步骤的规范。

3. 依赖倒转原则(Dependence Inversion Principle)

依赖倒转原则是开闭原则的基础,具体可以理解为:针对接口编程,依赖于抽象而不依赖于具体。

4. 接口隔离原则（Interface Segregation Principle）

接口隔离原则可以理解为：使用多个隔离的接口，比使用单个接口要好。它还有另外一个意思是：降低类之间的耦合度。由此可见，其实设计模式就是从大型软件架构出发、便于升级和维护的软件设计思想，它强调降低依赖，降低耦合。

5. 迪米特法则（Law of Demete）

迪米特法则又称最少知道原则（Demeter Principle），可以理解为：一个实体应当尽量少地与其他实体之间发生相互作用，使得系统功能模块相对独立。

6. 合成复用原则（Composite Reuse Principle）

合成复用原则可以理解为：尽量使用合成/聚合的方式，而不是使用继承达到软件复用的目的。

5.4.3 GoF 的 23 种设计模式简介

设计模式的经典著作《Design Patterns-Elements of Reusable Object-Oriented Software（设计模式—可复用的面向对象软件基础）》的四位作者 Erich Gamma、Richard Helm、Ralph Johnson 以及 John Vlissides，这四人常被称为 Gang of Four，即四人组，简称 GoF。

GoF 提出的 23 种设计模式可谓经典，根据设计模式是用来完成什么工作来划分，可以将 23 中设计模式分为创建型模式、结构型模式和行为型模式 3 种，如图 5.12 所示。

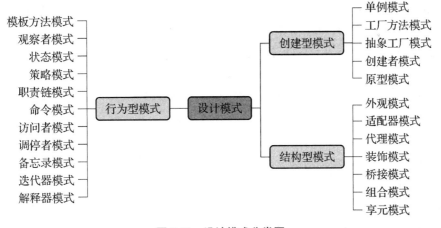

图 5.12　设计模式分类图

1. 创建型模式

在软件设计方面对象的创建和对象的使用分开成了必然趋势。因为对象的创建会消耗掉系统的很多资源，所以单独对对象的创建进行研究，从而能够高效地创建对象就是创建型模式要探讨的问题。创建型模式共有 5 种，它们分别是：

（1）单例模式（Singleton）：某个类只能生成一个实例，该类提供了一个全局访问点供外部获取该实例，其拓展是有限多例模式。

（2）工厂方法模式（Factory Method）：定义一个用于创建产品的接口，由子类决定生产什么产品。

（3）抽象工厂模式（Abstract Factory）：提供一个创建产品族的接口，其每个子类可以生产一系列相关的产品。

（4）创建者模式（Builder）：将一个复杂对象分解成多个相对简单的部分，然后根据不同需要分别创建它们，最后构建成该复杂对象。

（5）原型模式（Prototype）：将一个对象作为原型，通过对其进行复制而克隆出多个和原型类似的新实例。

2. 结构型模式

在解决了对象的创建问题之后，对象的组成以及对象之间的依赖关系就成了开发人员关注的焦点，因为如何设计对象的结构、继承和依赖关系会影响到后续程序的维护性、代码的健壮性、耦合性等。对象结构的设计很容易体现出设计人员水平的高低，结构型模式共有 7 种，它们分别是：

（1）外观模式（Facade）：为多个复杂的子系统提供一个一致的接口，使这些子系统更加容易被访问。

（2）适配器模式（Adapter）：将一个类的接口转换成客户希望的另外一个接口，使得原本由于接口不兼容而不能一起工作的那些类能一起工作。

（3）代理模式（Proxy）：为某对象提供一种代理以控制对该对象的访问。即客户端通过代理间接地访问该对象，从而限制、增强或修改该对象的一些特性。

（4）装饰模式（Decorator）：动态地给对象增加一些职责，即增加其额外的功能。

（5）桥接模式（Bridge）：将抽象与实现分离，使它们可以独立变化。它是用组合关系代替继承关系来实现，从而降低了抽象和实现这两个可变维度的耦合度。

（6）组合模式（Composite）：将对象组合成树状层次结构，使用户对单个对象和组合对象具有一致的访问性。

（7）享元模式（Flyweight）：运用共享技术来有效地支持大量细粒度对象的复用。

3. 行为型模式

在对象的结构和对象的创建问题都解决了之后，就剩下对象的行为问题了，如果对象的行为设计的好，那么对象的行为就会更清晰，它们之间的协作效率就会提高，行为型模式共有 11 种，它们分别是：

（1）模板方法模式（Template Method）：定义一个操作中的算法骨架，而将算法的一些步骤延迟到子类中，使得子类可以不改变该算法结构的情况下重定义该算法的某些特定步骤。

（2）观察者模式（Observer）：多个对象间存在一对多关系，当一个对象发生改变时，把这种改变通知给其他多个对象，从而影响其他对象的行为。

（3）状态模式（State）：允许一个对象在其内部状态发生改变时改变其行为能力。

（4）策略模式（Strategy）：定义了一系列算法，并将每个算法封装起来，使它们可以相互替换，且算法的改变不会影响使用算法的客户。

（5）职责链模式（Chain of Responsibility）：把请求从链中的一个对象传到下一个对象，直到请求被响应为止。通过这种方式去除对象之间的耦合。

（6）命令模式（Command）：将一个请求封装为一个对象，使发出请求的责任和执行请求的责任分割开。

（7）访问者模式（Visitor）：在不改变集合元素的前提下，为一个集合中的每个元素提供多种访问方式，即每个元素有多个访问者对象访问。

（8）调停者模式（Mediator）：定义一个中介对象来简化原有对象之间的交互关系，降低系统中对象间的耦合度，使原有对象之间不必相互了解。

（9）备忘录模式（Memento）：在不破坏封装性的前提下，获取并保存一个对象的内部状态，以便以后恢复它。

（10）迭代器模式（Iterator）：提供一种方法来顺序访问聚合对象中的一系列数据，而不暴露聚合对象的内部表示。

（11）解释器模式（Interpreter）：提供如何定义语言的文法，以及对语言句子的解释方法，即解释器。

5.4.4　几种常用的设计模式

1. 工厂方法模式

工厂方法模式（Factory Method Pattern）是最常见的设计模式之一，属于创建者模式。顾名思义，它的思路是设计一个对象生产工厂，它提供了一种绝佳的创建对象的方式。在工厂方法模式中，创建对象时不会对客户端暴露创建逻辑，并且是通过一个共同的接口来创建对象，将类的实例化（具体产品的创建）延迟到工厂类的子类（具体工厂）中完成，即由子类来决定应该实例化（创建）哪一个类。工厂方法模式组成如表 5.1 所示。

表 5.1　工厂方法模式组成

组成（角色）	关　系	作　用
抽象产品（AbstractProduct）	具体产品的父类	描述具体产品的公共接口
具体产品（ConcreteProduct）	抽象产品的子类；工厂类创建的目标类	描述生产的具体产品
抽象工厂（AbstractFactory）	具体工厂的父类	描述具体工厂的公共接口
具体工厂（ConcreteFactory）	抽象工厂的子类；被外界调用	描述具体工厂；实现工厂方法创建产品的实例

表 5.1 可以看到，工厂方法模式由抽象产品（Product）、具体产品（Concrete Product）抽象工厂（Factory）、具体工厂（Concrete Factory）4 个部分组成，其 UML 类图如图 5.13 所示。

根据工厂方法模式的组成及工厂方法模式的类图，在使用工厂方法模式时，可以按照如下步骤进行：

（1）创建抽象工厂类，定义具体工厂的公共接口。

（2）创建抽象产品类，定义具体产品的公共接口。

（3）创建具体产品类（继承抽象产品类），定义生产的具体产品。

（4）创建具体工厂类（继承抽象工厂类），定义创建对应具体产品实例的方法。

（5）外界通过调用具体工厂类的方法，从而创建不同具体产品类的实例。

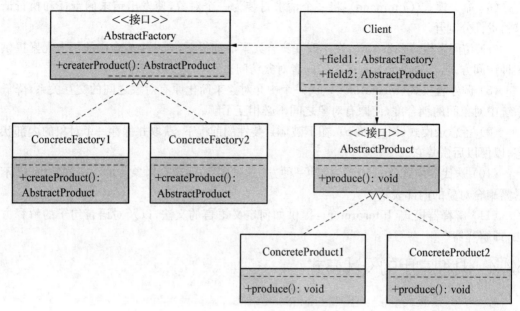

图 5.13 工厂方法模式类图

【例 5－1】工厂方法模式的应用。

背景:小李有一个玩具厂(只生产 A 类玩具),用来做玩具加工生意。随着需求的变化,客户需要生产 B 类玩具。

冲突:改变原有玩具工厂的设备和工艺非常困难,如果客户需要再次发生变化将增大成本。

解决方案:小李决定置办玩具分厂 B 来生产 B 类玩具。

可以利用工厂方法模式帮小李实现 A 类玩具和 B 类玩具生产,具体步骤如下:

(1) 创建抽象工厂类,定义具体工厂的公共接口,对应的 Java 程序代码如下:

```
1. public interface AbstractFactory
2. {
3.        public AbstractProduct create();
4. }
```

(2) 创建抽象产品类,定义具体产品的公共接口,对应的 Java 程序代码如下:

```
1. public interface AbstractProduct
2. {
3.        void produce();
4. }
```

(3) 创建具体产品类(继承抽象产品类),定义生产的具体产品,对应的 Java 程序代码如下:

```
1.  public class ConcreteProduct1 implements AbstractProduct
2.  {
3.        public void produce()
4.        {
```

```
5.            System.out.print("生产出了 A 类玩具\\ n");
6.          }
7.    }
8.    public class ConcreteProduct2 implements AbstractProduct
9.    {
10.        public void produce()
11.        {
12.            System.out.print("生产出了 B 类玩具\\ n");
13.        }
14.    }
```

（4）创建具体工厂类（继承抽象工厂类），定义创建对应具体产品实例的方法，对应的 Java 程序代码如下：

```
1.    public class ConcreteFactory1 implements AbstractFactory
2.    {
3.        public AbstractProduct create()
4.        {
5.            return new ConcreteProduct1();
6.        }
7.    }
8.    public class ConcreteFactory2 implements AbstractFactory
9.    {
10.        public AbstractProduct create()
11.        {
12.            eturn new ConcreteProduct2();
13.        }
14.    }
```

（5）外界通过调用具体工厂类的方法，从而创建不同具体产品类的实例，对应的 Java 程序代码如下：

```
1.    public class Client
2.    {
3.        public static void main(String[] args)
4.        {
5.            AbstractFactory factory = new ConcreteFactory1();
6.            AbstractProduct product = factory.create();
7.            product.produce();
8.            factory = new ConcreteFactory2();
9.            product = factory.create();
10.           product.produce();
```

11.　　　　}

12. }

使用工厂方法模式,其优点是:

(1) 符合开闭原则。新增一种产品时,只需要增加相应的具体产品类和相应的工厂子类即可。

(2) 符合单一职责原则。每个具体工厂类只负责创建对应的产品。

(3) 不使用静态工厂方法,可以形成基于继承的等级结构。

当然,使用工厂模式,也存在着一定的缺点,具体如下:

(1) 添加新产品时,除了增加新产品类外,还要提供与之对应的具体工厂类,系统类的个数将成对增加,在一定程度上增加了系统的复杂度;同时,有更多的类需要编译和运行,会给系统带来一些额外的开销。

(2) 由于考虑到系统的可扩展性,需要引入抽象层,在客户端代码中均使用抽象层进行定义,增加了系统的抽象性和理解难度,且在实现时可能需要用到 DOM、反射等技术,增加了系统的实现难度。

(3) 虽然保证了工厂方法内的对修改关闭,但对于使用工厂方法的类,如果要更换另外一种产品,仍然需要修改实例化的具体工厂类。

(4) 一个具体工厂只能创建一种具体产品。

综合工厂方法模式的优缺点,可以总结工厂方法模式的应用场景:

(1) 当一个类不知道它所需要的对象的类时,在工厂方法模式中,客户端不需要知道具体产品类的类名,只需要知道所对应的工厂即可。

(2) 当一个类希望通过其子类来指定创建对象时,在工厂方法模式中,对于抽象工厂类只需要提供一个创建产品的接口,而由其子类来确定具体要创建的对象,利用面向对象的多态性和里氏代换原则,在程序运行时,子类对象将覆盖父类对象,从而使得系统更容易扩展。

(3) 将创建对象的任务委托给多个工厂子类中的某一个,客户端在使用时可以无须关心是哪一个工厂子类创建产品子类,需要时再动态指定,可将具体工厂类的类名存储在配置文件或数据库中。

2. 装饰模式

在现实生活中,常常需要对现有产品增加新的功能或美化其外观,如房子装修、相片加相框等。在软件开发过程中,有时想用一些现存的组件。这些组件可能只是完成了一些核心功能。但在不改变其结构的情况下,可以动态地扩展其功能。所有这些都可以采用装饰模式来实现。

装饰模式(Decorator)是指在不改变现有对象结构的情况下,动态地给该对象增加一些职责(即增加其额外功能)的模式,它属于对象结构型模式。装饰模式组成如表 5.2 所示。

表 5.2　装饰模式组成

组成(角色)	关　系	作　用
抽象组件角色 (Component)	具体组件和抽象装饰的父类	一个抽象接口,是被装饰类的父接口

续　表

组成(角色)	关　系	作　用
具体组件角色 (ConcreteComponent)	抽象组件的子类	为抽象组件的实现类
抽象装饰角色 (Decorator)	抽象组件的子类;具体装饰的父类	包含一个组件的引用,并定义了与抽象组件一致的接口
具体装饰角色 (ConcreteDecorator1, ConcreteDecorator2...)	抽象装饰的子类	为抽象装饰角色的实现类,负责具体的装饰

表 5.2 可以看到,装饰模式由抽象组件角色(Component)、具体组件角色(ConcreteComponent)、抽象装饰角色(Decorator)、具体装饰角色(ConcreteDecorator1,ConcreteDecorator2...)4 个部分组成,其 UML 类图如图 5.14 所示。

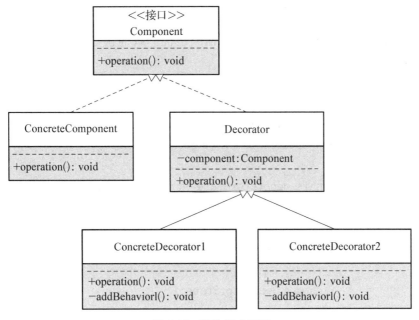

图 5.14　装饰模式类图

根据装饰模式的组成及装饰模式的类图,在使用装饰模式时,可以按照如下步骤进行:

(1) 创建抽象组件角色,定义具体组件的公共接口。

(2) 创建具体组件角色,定义抽象组件的实现类。

(3) 创建抽象装饰角色,定义一个组件的引用,并定义与抽象组件一致的接口。

(4) 创建具体装饰角色,定义抽象装饰角色的实现类,负责具体的装饰。

(5) 外界通过调用,实现用具体装饰角色来装饰抽象组件角色。

【例 5-2】　装饰模式的应用。

前提:系统中存在一个画圆的类,该类只是用来画圆。

新的需求:可以对圆的边框进行着色,对弧线进行设置(例如虚线、实线)。

解决方案:对画圆类进行迭代,以支持边和内部颜色填充。

可以利用装饰模式实现该例,具体步骤如下:

(1) 创建画圆的抽象组件角色,定义具体组件的公共接口,对应的 Java 程序代码如下:

```
1. public interface Shape
2. {
3.        public void draw();
4. }
```

(2) 创建画圆的具体组件角色,定义抽象组件的实现类,对应的 Java 程序代码如下:

```
1. public class Circle implements Shape
2. {
3.        public void draw()
4.        {
5.              System.out.println("画一个圆");
6.        }
7. }
```

(3) 创建画圆抽象装饰角色,并定义与抽象组件一致的接口,对应的 Java 程序代码如下:

```
1.  public abstract class ShapeDecorator implements Shape
2.  {
3.        private Shape decoratorShape;
4.        public ShapeDecorator(Shape decoratorShape)
5.        {
6.              this.decoratorShape = decoratorShape;
7.        }
8.        public abstract void draw();
9.        public Shape getDecoratorShape()
10.       {
11.             return decoratorShape;
12.       }
13.       public void setDecoratorShape(Shape decoratorShape)
14.       {
15.             this.decoratorShape = decoratorShape;
16.       }
17. }
```

(4) 创建画圆的具体装饰角色,定义抽象装饰角色的实现类,负责具体的装饰,对圆的边框进行着色,对弧线进行设置(例如虚线、实线),对应的 Java 程序代码如下:

```
1. public class BlueCircleDecorator extends ShapeDecorator
2. {
3.        public BlueCircleDecorator(Shape decoratorShape)
4.        {
```

```
5.                   super(decoratorShape);
6.          }
7.          public void draw()
8.          {
9.                   this.getDecoratorShape().draw();
10.                  this.setBlueBorder();
11.         }
12.         public void setBlueBorder()
13.         {
14.                  System.out.println("圆的边框颜色:蓝色");
15.         }
16. }
17. public class SolidCircleDecorator extends ShapeDecorator
18. {
19.         public SolidCircleDecorator(Shape decoratorShape)
20.         {
21.                  super(decoratorShape);
22.         }
23.         public void draw()
24.         {
25.                  this.getDecoratorShape().draw();
26.                  this.setSolid();
27.         }
28.         public void setSolid()
29.         {
30.                  System.out.println("圆的弧线类型:实心圆");
31.         }
32. }
```

（5）外界通过调用,实现用具体装饰角色来装饰抽象组件角色,对应的 Java 程序代码如下:

```
1. public class Client
2. {
3.         public static void main(String[] args)
4.         {
5.                  Shape circle = new Circle();
6.                  System.out.println("开始画圆");
7.                  circle.draw();
8.                  ShapeDecorator blueCircle = new BlueCircleDecorator(circle);
9.                  System.out.println("\\n 画一个蓝色的圆");
```

```
10.          blueCircle.draw();
11.          ShapeDecorator solidCircle = new SolidCircleDecorator
             (blueCircle);
12.          System.out.println("\\n画一个蓝色的实心圆");
13.          solidCircle.draw();
14.      }
15.}
```

使用装饰模式,其优点是:

(1)装饰者模式和继承关系的目的都是要扩展对象的功能,但是装饰模式可以提供比继承更多的灵活型。

(2)通过使用不同的具体装饰者类及它们不同的组合顺序,可以得到不同装饰后具有不同行为或者状态的对象。例如上面的SolidCircleDecorator()可以多次修饰一个圆。

(3)符合开闭原则。

当然,使用装饰模式,也存在着一定的缺点,具体如下:

(1)增加了抽象装饰者类和具体装饰者类,一定程度增加了系统的复杂度,加大了系统的学习和理解成本。

(2)灵活性也意味着更容易出错,对于多次被多次修饰的对象,调试时寻找错误可能需要查找多个地方。

(3)没有继承结构清晰。

综合装饰模式的优缺点,可以总结装饰模式的应用场景:

(1)在不影响其他对象的情况下,以动态、透明的方式给单个对象添加职责。

(2)需要动态地给一个对象增加功能,这些功能也可以动态地被撤销。

(3)当不能采用继承的方式对系统进行扩充或者采用继承不利于系统扩展和维护时,不能采用继承的情况主要有两类:第一类是系统中存在大量独立的扩展,为支持每一种组合将产生大量的子类,使得子类数目呈爆炸性增长;第二类是因为类定义不能继承(如 final类)。

3. 观察者模式

当对象存在一对多关系时,可以使用观察者模式(Observer)。比如当一个对象被修改时,则自动通知它的依赖对象。观察者模式属于行为型模式(定义对象间一对多的依赖关系,当一个对象的状态发生改变时,所有依赖于它的对象都得到通知并自动更新)。这种模式有时又称作发布—订阅模式、模型—视图模式,它是对象行为型模式。

观察者模式定义了一种一对多的依赖关系,让多个观察者对象同时监听某一个主题对象。这个主题对象在状态发生变化时,会通知所有观察者对象,使它们能够自动更新自己。观察者模式组成如表5.3所示。

表 5.3 观察者模式组成

组成(角色)	关 系	作 用
抽象主题 (Subject)	具体主题的父类	定义了被观察者常用的方法,订阅(attach)、取消订阅 (detach)和通知(notify)功能

续 表

组成(角色)	关 系	作 用
具体主题 (ConcreteSubject)	抽象主题的子类	实现抽象主题定义的方法,通过 attach 和 detach 方法维护一个观察者的集合,当自己维护的状态(state)改变时通知(notify)所有观察者
抽象观察者 (Observer)	具体观察者子类	定义更新自己的方法
具体观察者 (ConcreteObserver)	抽象观察者的子类	实现更新自己的方法

表 5.3 可以看到,观察者模式由抽象主题(Subject)、具体主题(ConcreteSubject)、抽象观察者(Observer)、具体观察者(ConcreteObserver)4 个部分组成,其 UML 类图如图 5.15 所示。

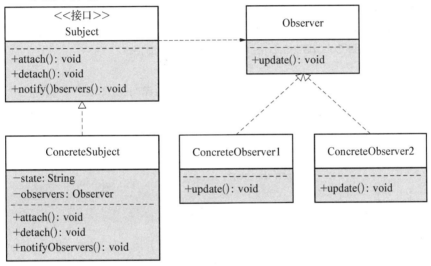

图 5.15 观察者模式类图

根据观察者模式的组成及观察者模式的类图,在使用观察者模式时,可以按照如下步骤进行:

(1) 创建抽象主题,定义被观察者常用的方法。

(2) 创建具体主题,实现抽象主题定义的方法,通过 attach 和 detach 方法维护一个观察者的集合。

(3) 创建抽象观察者,定义更新自己的方法 update。

(4) 创建具体观察者,实现更新自己的方法。

(5) 外界通过调用,实现观察者在接到通知之后执行自己的更新方法。

【例 5-3】 观察者模式的应用。

公司里有员工开小差,小李负责在老总回来的时候通知所有人。

首先,小李是具体主题角色,员工是具体观察者角色。

其次,小李维护着观察者集合,在老总回来的时候通知所有观察者。

最后,观察者在小李通知之后执行自己的更新方法,继续工作。

利用观察者模式实现该例,具体步骤如下:

（1）创建抽象主题 Subject，定义被观察者常用的方法 attach、detach、notifyObservers，对应的 Java 程序代码如下：

```
1. import java.util.Observer;
2. public interface Subject
3. {
4.         public void attach(Observer observer);
5.         public void detach(Observer observer);
6.         public void notifyObservers();
7. }
```

（2）创建具体主题 ConcreteSubject，实现抽象主题定义的方法，通过 attach 和 detach 方法维护一个观察者的集合，对应的 Java 程序代码如下：

```
1. import java.util.ArrayList;
2. import java.util.Observer;
3. public class ConcreteSubject implements Subject
4. {
5.         private String state = "老总不在公司";
6.         private ArrayList < Observer > observers = new ArrayList <>();
7.         public String getState()
8.         {
9.                 return state;
10.         }
11.         public void setState(String state)
12.         {
13.                 this.state = state;
14.                 System.out.println(state);
15.         }
16.         @Override
17.         public void attach(Observer observer)
18.         {
19.                 observers.add(observer);
20.         }
21.         @Override
22.         public void detach(Observer observer)
23.         {
24.                 observers.remove(observer);
25.         }
26.         @Override
27.         public void notifyObservers()
28.         {
```

```
29.                    for(Observer x : observers)
30.                    {
31.                            x.update(null, null);
32.                    }
33.            }
34. }
```

（3）创建抽象观察者接口 Observer（依赖 Observable），定义更新自己的方法 update，对应的 Java 程序代码如下：

```
1.  public class Observable
2.  {
3.          private boolean changed = false;
4.          private Vector < Observer > obs;
5.          public Observable()
6.          {
7.                  obs = new Vector <>();
8.          }
9.          public synchronized void addObserver(Observer o)
10.         {
11.                 if (o == null)
12.                     throw new NullPointerException();
13.                 if (!obs.contains(o))
14.                 {
15.                         obs.addElement(o);
16.                 }
17.         }
18.         public synchronized void deleteObserver(Observer o)
19.         {
20.                 obs.removeElement(o);
21.         }
22.         public void notifyObservers()
23.         {
24.                 notifyObservers(null);
25.         }
26.
27.         public void notifyObservers(Object arg)
28.         {
29.             Object[] arrLocal;
30.
31.             synchronized (this)
```

```
32.            {
33.                  if (!changed)
34.                      return;
35.                  arrLocal = obs.toArray();
36.                  clearChanged();
37.              }
38.          for (int i = arrLocal.length-1; i>=0; i--)
39.                  ((Observer)arrLocal[i]).update(this, arg);
40.          }
41.      public synchronized void deleteObservers()
42.      {
43.              obs.removeAllElements();
44.      }
45.      protected synchronized void setChanged()
46.      {
47.              changed = true;
48.      }
49.      protected synchronized void clearChanged()
50.      {
51.              changed = false;
52.      }
53.      public synchronized boolean hasChanged()
54.      {
55.              return changed;
56.      }
57.      public synchronized int countObservers()
58.      {
59.              return obs.size();
60.      }
61. }
62. public interface Observer
63. {
64.      void update(Observable o, Object arg);
65. }
```

（4）创建具体观察者 ConcreteObserver1 和 ConcreteObserver2，实现更新自己的方法，对应的 Java 程序代码如下：

```
1.  public class ConcreteObserver1 implements Observer
2.  {
3.      @Override
```

```
4.          public void update(Observable arg0, Object arg1)
5.          {
6.                  System.out.println("正在玩手机的,开始工作了");
7.          }
8.  }
9.  public class ConcreteObserver2 implements Observer
10. {
11.         @Override
12.         public void update(Observable arg0, Object arg1)
13.         {
14.                 System.out.println("正在看电视剧的,开始工作了");
15.         }
16. }
```

（5）外界通过调用，实现观察者在接到通知之后执行自己的更新方法，对应的Java程序代码如下：

```
1.  public class MainClass
2.  {
3.          public static void main(String[] args)
4.          {
5.                  ConcreteSubject cs = new ConcreteSubject();
6.                  Observer co1 = new ConcreteObserver1();
7.                  Observer co2 = new ConcretcObserver2();
8.                  cs.attach(co1);
9.                  cs.attach(co2);
10.                 cs.setState("老总来了");
11.                 cs.notifyObservers();
12.         }
13. }
```

注意：明明是小李在观察老总是否回来了，为什么小李是被观察者呢？"老总回来了"这个状态是小李的内部状态，观察者模式是对象之间的关系，看电视剧和玩手机的观察者是在监听小李的状态，发生变化时更新自己，所以小李是被观察者。

使用观察者模式，其优点是：

（1）降低了目标与观察者之间的耦合关系，两者之间是抽象耦合关系。

（2）目标与观察者之间建立了一套触发机制。

当然，使用观察者模式，也存在着一定的缺点，具体如下：

（1）目标与观察者之间的依赖关系并没有完全解除，而且有可能出现循环引用。

（2）当观察者对象很多时，通知的发布会花费很多时间，影响程序的效率。

综合观察者模式的优缺点，可以总结观察者模式的应用场景：

（1）对象间存在一对多关系，一个对象的状态发生改变会影响其他对象。

（2）当一个抽象模型有两个方面，其中一个方面依赖于另一方面时，可将这二者封装在独立的对象中以使它们可以各自独立地改变和复用。

小　结

本章重点介绍了面向对象的基本思想与概念、面向对象程序设计语言、统一建模语言 UML、设计模式等知识点。本章节知识点，如图 5.16 所示。

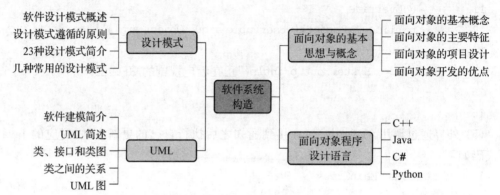

图 5.16　本章小结

习　题

一、单项选择题

1. 类与对象的关系是（　　）。

A. 类是对象的抽象　　　　　　　　　B. 类是对象的具体实例

C. 对象是类的抽象　　　　　　　　　D. 对象是类的子类

2. 所谓多态性是指（　　）。

A. 不同的对象调用不同名称的函数

B. 不同的对象调用相同名称的函数

C. 一个对象调用不同名称的函数

D. 一个对象调用不同名称的对象

3. 在类的定义中可以有两个同名函数，这种现象称为函数（　　）。

A. 封装　　　　　　B. 继承　　　　　　C. 覆盖　　　　　　D. 重载

4. 在子类的定义中有一个和父类同名的成员函数，这一现象称为函数的（　　）。

A. 继承　　　　　　B. 覆盖　　　　　　C. 错误　　　　　　D. 重载

5. 下列不属于面向对象程序设计语言的是（　　）。

A. C++　　　　　　B. C#　　　　　　C. C　　　　　　D. Java

6. UML 图不包括（　　）。

A. 用例图　　　　　B. 类图　　　　　　C. 状态图　　　　　D. 流程图

7. 在类图中，"#"表示的可见性是（　　）。

A. Public   B. Protected   C. Private   D. Package

8. 类之间的关系不包括(　　)。

A. 依赖关系   B. 泛化关系   C. 实现关系   D. 分解关系

9. 如果要对一个学校课程表管理系统的主要角色学生、老师的工作流程建模,需要使用的图是(　　)。

A. 序列图   B. 状态图   C. 协作图   D. 活动图

10. 在面向对象软件开发过程中,采用设计模式(　　)。

A. 允许在非面向对象程序设计语言中使用面向对象的概念

B. 以保证程序的运行速度达到最优值

C. 以减少设计过程创建的类的个数

D. 以复用成功的设计

11. 设计模式分类不包括(　　)。

A. 创建型模式   B. 面向对象模式   C. 结构性模式   D. 行为型模式

12. 工厂方法模式属于(　　)。

A. 创建型模式   B. 结构型模式   C. 行为型模式   D. 面向对象模式

13. 装饰模式(Decorator)不能用于下列那个选项(　　)。

A. 在不影响其他对象的情况下,以动态、透明的方式给单个对象添加职责

B. 处理那些可以撤销的职责

C. 客户程序与抽象类的实现部分之间存在着很大的依赖性

D. 当不能采用生成子类的方法进行扩充时。一种情况是,可能有大量独立的扩展,每种组合将产生大量的子类,使得子类数目呈爆炸性增长。另一种情况可能是类的定义被隐藏,或类定义不能用于生成子类

14. 以下属于行为模式的是(　　)。

A. 工厂模式   B. 观察者模式   C. 适配器模式   D. 以上都是

15. 观察者模式的主要角色不包括(　　)。

A. 抽象主题(Subject)角色

B. 具体主题(Concrete Subject)角色

C. 抽象观察者(Observer)角色

D. 具体组件角色(Concrete Component)

二、基本知识题

1. 什么是面向对象?其主要特征有哪些?

2. 面向对象和面向过程的区别是什么?

3. 常用的面向对象设计语言有哪些?

4. UML 类图中类之间存在哪几种关系?

5. 常用的 UML 图有哪些?

6. 什么是设计模式?设计模式按类型分为哪几类?

7. 设计模式应该遵循的原则有哪些?

8. 简述工厂方法模式、装饰模式、观察者模式的应用场景。

【微信扫码】
相关资源

第6章

软件发展趋势

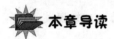 **本章导读**

  在工业化产业发展的领域中,计算机软件的发展可以说是日新月异。中国的计算机软件技术的发展和发达国家相比,还存在一些差距,但是现阶段国家给予自主软件的研发足够的重视和投入,中国软件行业的发展会有更大的进步,对综合性的高素质软件人才会有更多的需求空间。

本章主要知识点

> 知识点 1　软件发展新技术
> 知识点 2　就业前景分析
> 知识点 3　能力提升途径

6.1 软件发展新技术

  软件工程是一门研究用工程化的方法构建和维护有效的、实用的和高质量的软件的学科。在现代社会中,软件应用于多个方面。典型的软件比如电子邮件、嵌入式系统、人机界面、办公套件、操作系统、编译器、数据库、游戏等。各行各业几乎都有计算机软件的应用。这些应用促进了经济和社会的发展,使得人们的工作更加高效,同时提高了生活质量。

  特别是计算机技术与互联网信息技术的有效融合,给人们带来了全新的虚拟世界。电子商务行业的发展,也更加促进了现代商业形式的多样化,增强了人们的购物体验。计算机软件技术一直处于创新的发展道路上,在办公商务等方面承担着信息管理任务,有着很强的数据处理能力,同时计算机软件技术在经济、医疗、教育、工程和数据通信领域发挥着极其重要的作用,是现代社会发展的基础。

6.1.1　软件技术发展现状

软件工程是目前市场上需求最大同时也是最热门的技术,其综合性与专业性较强,在应用的过程中能够将各种复杂且抽象的问题化解成为程序的形式,然后运用计算机强大的分析与计算功能将复杂的问题简化并最终找到解决方法。

软件工程技术出现之后,得到了世界众多国家的重视并投入了大量的资金及精力进行软件开发。目前国外一些发达国家例如美国的软件技术已经趋于成熟,应用范围也十分广泛。与国外的现状相比,国内的研究工作还存在很大的进步空间,目前很多核心技术和开发工具主要从国外引进。虽然国内对软件工程的研究起步较晚,但是在后期国家给予了足够的重视以及资金投入在自主软件的研究,我国的软件开发技术进步尤为明显,以华为、中兴为代表的国内大型互联网通信企业研发的 5G 技术已经率先领跑于世界各国,预示着未来中国在自主研发的软件技术上还会有更大的发展空间。

6.1.2　软件技术发展趋势

1. 网络化发展

计算机软件开发技术的网络化发展将成为必然的走向。随着信息时代的全面到来,网络已经走进了人们的生活与工作当中,各个领域都已经离不开网络的介入。网络给人们带来了巨大的便利,可以通过网络改变现代人的生活方式,而计算机软件的发展也离不开网络。在新时期内,计算机软件越来越依赖网络,安装下载过程也是通过网络来实现的。可以说,网络化是软件与网络发展的双赢模式。

网络其实是计算机软件的发展平台,也是很多软件使用的前提保证。我们已经很难发现市面上有哪些主流软件不依赖网络的。因此也可以看出,计算机软件也将越来越向网络化发展,为此保证计算机软件的服务性。

2. 服务化发展

计算机软件的产生就是为用户提供更好的服务为目的的。因此,计算机软件的服务化发展也是整体计算机软件开发技术的必然趋势。从当前的计算机软件技术来看,计算机软件的服务性比较良好,能够满足大多数用户的需求,但我国的计算机软件开发者应该有更高的追求,将当前软件服务中存在的不足进行完善,弥补其中的缺陷。计算机软件的发展应以更好更流畅的服务为目标,为用户提供更加便利的服务,并使用最先进的技术与人性化设计理念,尽量满足不同用户群体的需求。可以说,未来的计算机软件开发也将以服务性为主。

3. 智能化发展

随着我国科学技术的进步,在各个领域之内,智能化已经成了衡量硬件实力的核心水平之一,在计算机领域也是如此。智能化设备已经在人们的生活与工作中随处可见,计算机也是智能化的产物之一。除此之外,还有智能手机、汽车、建筑等等。对于软件来说,智能化的应用程度显得格外关键。智能化的设计也将使计算机软件变得更加便捷、高效。计算机软件开发者通过一些具体的运算,可将计算机软件变得更加智能化,可使其像人类一样拥有思维与运行的方法。可以说,在新时代的背景与计算机用户的追求下,计算机软件将进一步向智能化发展,也将是计算机软件开发领域发生巨大的改变。

4. 多样化发展

计算机软件的使用方向与应用范围不同,也就使得了计算软件的种类较多。无论在工作或是生活之中,人们对计算机软件的具体要求有所不同,这也就使得了计算机软件将越来越趋于多样化。目前的计算机软件涵盖范围较多,各个领域均有一定的开发成果,如学习、工作、运动、娱乐、购物等等。在未来一段时间内,这样的特点也将越来越明显,计算机软件开发技术的针对性也将越来越强,可以满足绝大多数用户在使用方向上的需求。可以说,计算机软件的多样化发展也将是必然趋势之一。

5. 融合化发展

随着传统产业的升级和工业化的发展,我国的"硬装备"将逐步地向"软装备"转变,也就是自动化、机械化、电气化逐渐向网络化、数字化和信息化转变。在工业化和信息化的融合过程中,计算机网络技术也出现了融合化的趋势。随着传统产业的不断升级,其对软件的需求量也不断增大,这给了我国的计算机软件产业一个广阔的发展空间。

6. 开放化发展

在未来的发展过程中,计算机软件产品将不断走向标准化,也就是逐步开放计算机软件的源代码,计算机软件技术的开放化能够有效地提高计算机软件的质量,这也有利于我国打破计算机软件知识产权和技术产权方面的垄断,实现我国计算机软件产业的升级和换代。

6.1.3 软件发展新技术

1. 人工智能技术

人工智能是研究使计算机来模拟人的某些思维过程和智能行为(如学习、推理、思考、规划等)的学科,主要包括计算机实现智能的原理、制造类似于人脑智能的计算机,使计算机能实现更高层次的应用。人工智能将涉及计算机科学、心理学、哲学和语言学等学科。可以说几乎是自然科学和社会科学的所有学科,其范围已远远超出了计算机科学的范畴。人工智能与思维科学的关系是实践和理论的关系,人工智能是处于思维科学的技术应用层次,是它的一个应用分支。从思维观点看,人工智能不仅限于逻辑思维,要考虑形象思维、灵感思维才能促进人工智能的突破性的发展。数学常被认为是多种学科的基础科学,数学也进入语言、思维领域,人工智能学科也必须借用数学工具,数学不仅在标准逻辑、模糊数学等范围发挥作用,数学进入人工智能学科,它们将互相促进而更快地发展。

当前人工智能技术主要应用在机器视觉、指纹识别、人脸识别、视网膜识别、虹膜识别、掌纹识别、专家系统、自动规划、智能搜索、定理证明、博弈、自动程序设计、智能控制、机器人学、语言和图像理解、遗传编程等领域。

人工智能的主要研究范畴为自然语言处理、知识表现、智能搜索、推理、规划、机器学习、知识获取、组合调度问题、感知问题、模式识别、逻辑程序设计软计算、不精确和不确定的管理、人工生命、神经网络、复杂系统和遗传算法等。

2. 大数据技术

大数据(big data)是指无法在一定时间范围内用常规软件工具进行捕捉、管理和处理的数据集合,是需要新处理模式才能具有更强的决策力、洞察发现力和流程优化能力的海量、高增长率和多样化的信息资产。

大数据技术的战略意义不在于掌握庞大的数据信息,而在于对这些含有意义的数据进行专业化处理。换而言之,如果把大数据比作一种产业,那么这种产业实现盈利的关键,在于提高对数据的"加工能力",通过"加工"实现数据的"增值"。

大数据的应用价值体现在以下几个方面:

(1) 对大量消费者提供产品或服务的企业可以利用大数据进行精准营销。

(2) 做小而美模式的中小企业可以利用大数据做服务转型。

(3) 面临互联网压力之下必须转型的传统企业需要与时俱进地充分利用大数据的价值。

3. 云计算服务

云计算(cloud computing)是分布式计算的一种,指的是通过网络"云"将巨大的数据计算处理程序分解成无数个小程序,然后,通过多部服务器组成的系统进行处理和分析这些小程序得到结果并返回给用户。云计算早期,简单地说,就是简单的分布式计算,解决任务分发,并进行计算结果的合并。因而,云计算又称为网格计算。通过这项技术,可以在很短的时间内(几秒)完成对数以万计的数据的处理,从而达到强大的网络服务。

"云"实质上就是一个网络,狭义上讲,云计算就是一种提供资源的网络,使用者可以随时获取"云"上的资源,按需求量使用,并且可以看成是无限扩展的,只要按使用量付费就可以,"云"就像自来水厂一样,我们可以随时接水,并且不限量,按照自己家的用水量,付费给自来水厂就可以。

从广义上说,云计算是与信息技术、软件、互联网相关的一种服务,这种计算资源共享池叫做"云",云计算把许多计算资源集合起来,通过软件实现自动化管理,只需要很少的人参与,就能让资源被快速提供。也就是说,计算能力作为一种商品,可以在互联网上流通,就像水、电、煤气一样,可以方便地取用,且价格较为低廉。

总之,云计算不是一种全新的网络技术,而是一种全新的网络应用概念,云计算的核心概念就是以互联网为中心,在网站上提供快速且安全的云计算服务与数据存储,让每一个使用互联网的人都可以使用网络上的庞大计算资源与数据中心。

4. 物联网技术

物联网技术(Internet of Things,IoT)起源于传媒领域,是信息科技产业的第三次革命。物联网是指通过信息传感设备,按约定的协议,将任何物体与网络相连接,物体通过信息传播媒介进行信息交换和通信,以实现智能化识别、定位、跟踪、监管等功能。

物联网指的是将无处不在的末端设备和设施,包括具备"内在智能"的传感器、移动终端、工业系统、数控系统、家庭智能设施、视频监控系统等,以及"外在使能"的(如贴上RFID的各种资产、携带无线终端的个人与车辆等)"智能化物件或动物"或"智能尘埃"(通过各种无线和/或有线的长距离和/或短距离通讯网络实现互联互通、应用大集成、以及基于云计算的SaaS营运)等模式,在内网(Intranet)、专网(Extranet)、和/或互联网(Internet)环境下,采用适当的信息安全保障机制,提供安全可控乃至个性化的实时在线监测、定位追溯、报警联动、调度指挥、预案管理、远程控制、安全防范、远程维保、在线升级、统计报表、决策支持、领导桌面(集中展示的Cockpit Dashboard)等管理和服务功能,实现对"万物"的"高效、节能、安全、环保"的"管、控、营"一体化。

物联网技术目前已经被应用在医学、安防、污水处理等行业。5G 通信技术在我国的领先发展,为物联网的发展也提供了坚实的基础设施支持。

5. 新技术之间的关系

(1) 物联网与云计算

云计算相当于人的大脑,是物联网的神经中枢。云计算是基于互联网的相关服务的增加、使用和交付模式,通常涉及通过互联网来提供动态易扩展且经常是虚拟化的资源。目前物联网的服务器部署在云端,通过云计算提供应用层的各项服务。

(2) 大数据与云计算

从技术上来看,大数据和云计算的关系就像一枚硬币的正反面一样密不可分。大数据必然无法用单台的计算机进行处理,必须采用分布式架构。它的特色在于对海量数据进行分布式数据挖掘,但它必须依托云计算的分布式处理、分布式数据库和云存储、虚拟化技术。

(3) 人工智能与大数据、物联网、云计算

物联网的正常运行是通过大数据传输信息给云计算平台处理,然后人工智能提取云计算平台存储的数据进行活动。

6.2　就业前景分析

6.2.1　就业前景

目前我国的软件行业规模不是很大,有些软件企业在软件生产制作过程中,虽然采用了一些软件工程的思想,但与大规模的工业化生产比较,还具有一定的差距;这其中受到各种原因的影响,比如管理体制、市场、政策等,也有软件工程理论不全面不完善的原因。所以软件工程的研究和应用,以及我国软件行业的进一步发展,急需既有软件工程的理论基础和研究能力,又有一定的实践经验的软件工程科学技术人员来推动,我国对软件工程的人才需求量仍然很大。

软件产业的发展水平,决定了一个国家的信息产业发展水平及其在国际市场上的综合竞争力。目前,我国软件高级人才的短缺已经成为制约我国软件产业快速发展的一个瓶颈。在中国,国内市场对软件人才的需求每年近百万人,而高校计算机毕业生中的软件工程人才还很缺乏,尤其是高素质的软件工程人才极度短缺。尽快培养起适合信息产业所需要的高素质软件工程人才,已经成为信息化工作中的重中之重。

中国政府正在大力支持中国软件行业的发展,经过了系统化体系培训的软件人才更容易走向国际化,也更受国内大中型规模软件公司的欢迎,如何培养与国际接轨的高素质软件工程人才,已经成为中国软件产业的当务之急。

综合以上分析,未来几年,国内外高层次软件人才将供不应求。毕业生主要在各大软件公司、企事业单位、高等院校、各大研究所、国防等重要部门从事软件设计、开发、应用与研究工作。调查数据显示,在中国十大 IT 职场人气职位中,软件工程师列居第一位,国内软件工程人才的就业前景十分乐观。

6.2.2 就业概况

麦克思高等教育的官方网站调查数据(如图 6.1)表明,截至 2019 年,全国高校专业 1119 个专业学科,计算机软件专业的就业情况在所有工学学科的 170 个本科专业中,列居第四。对计算机软件专业人才需求量最多的地区是"上海",占据就业地区分布的 19%,对专业需求量最多的行业是"计算机软件",在就业行业分布中占比 27%。

就业行业分布		就业地区分布	
① 计算机软件(60875份样本)	27%	① 上海(29879份样本)	19%
② 互联网/电子商务(41703)	19%	② 北京(29569)	19%
③ 新能源(34876)	15%	③ 深圳(27648)	18%
④ 电子技术/半导体/集成电路(19762)	9%	④ 广州(14085)	9%
⑤ 计算机服务(系统、数据服务、维修)(19515)	8%	⑤ 武汉(13030)	8%
⑥ 建筑/建材/工程(9471)	4%	⑥ 杭州(10311)	6%
⑦ 其他行业(9295)	4%	⑦ 成都(8657)	5%
⑧ 通信/电信/网络设备(9079)	4%	⑧ 南京(6469)	4%
⑨ 仪器仪表/工业自动化(7474)	3%	⑨ 西安(5715)	3%
⑩ 金融/投资/证券(6957)	3%	⑩ 厦门(4548)	3%

图 6.1 麦克思 2019 就业调查数据

同期调查如图 6.2 显示,国内企业对软件工程专业本科需求量最大,职位的平均薪资为 1 万元左右,可从事的岗位既有专业技术类别(如 Java 工程师,Android 开发工程师,iOS 开发工程师,测试工程师,嵌入式软件工程师等),又有管理类别(项目经理,产品经理等)。

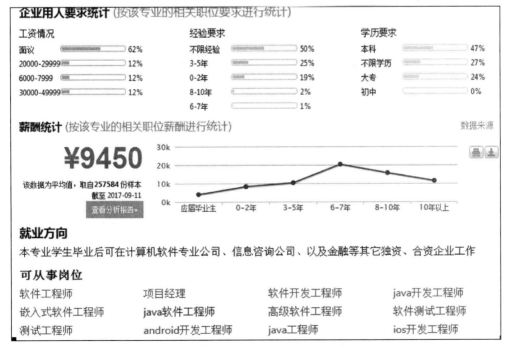

图 6.2 企业对软件工程专业用人要求

6.2.3 就业待遇

麦克思调查数据证明,软件工程专业在中国大学专业薪酬水平排行榜中遥遥领先,图6.3,图6.4,图6.5分别为2015~2017年中国大学生就业薪资排行榜,软件工程专业的就业薪资稳居第一。

首年薪酬排名	专业名称	学科类型	学历类别	平均月薪2014届	平均月薪2012届	平均月薪2010届
1	软件工程	工学	本科	8 026	9 310	11 638
2	语言类综合	文学	本科	7 722	8 575	10 107
3	高分子材料与工程	工学	本科	7 622	8 842	10 256
4	金融工程	经济学	本科	7 562	9 226	11 348
5	材料物理	工学	本科	7 506	9 232	11 448
6	汽车类综合	工学	本科	7 294	8 680	10 589
7	石油工程	工学	本科	7 181	8 833	10 599
8	应用化学	理学	本科	6 841	8 278	9 602
9	电子信息工程	工学	本科	6 800	8 160	9 466
10	生物科学	理学	本科	6 632	8 157	9 463
11	建筑学	工学	本科	6 256	7 194	8 921
12	核工程与核技术	工学	本科	6 237	7 360	8 979
13	应用生物科学	农学	本科	5 781	6 995	8 604
14	微电子科学与工程	理学	本科	5 725	6 985	8 381
15	计算机科学与技术	工学	本科	5 676	6 584	7 967
16	土木工程	工学	本科	5 632	6 477	7 513
17	电气工程及自动化	工学	本科	5 510	6 392	7 542

图6.3 2015中国大学专业薪酬水平排行榜

首年薪酬排名	专业名称	学科类型	学历类别	平均月薪2016届	平均月薪2014届	平均月薪2012届
1	软件工程	工学	本科	8 730	10 912	12 985
2	微电子科学与工程	理学	本科	8 472	9 828	12 285
3	金融工程	经济学	本科	8 306	9 801	12 153
4	汽车类综合	工学	本科	8 231	9 713	11 170
5	材料物理	工学	本科	7 796	9 745	11 791
6	计算机科学与技术	工学	本科	7 424	8 983	11 049

续　图

首年薪酬排名	专业名称	学科类型	学历类别	平均月薪2016 届	平均月薪2014 届	平均月薪2012 届
7	语言类综合	文学	本科	7 325	8 643	10 804
8	应用化学	理学	本科	6 945	8 473	9 829
9	电子信息工程	工学	本科	6 822	8 050	9 660
10	生物科学	理学	本科	6 485	7 522	8 951
11	建筑学	工学	本科	6 422	7 770	9 713
12	核工程与核技术	工学	本科	6 251	7 502	8 927
13	应用生物科学	农学	本科	6 232	7 540	9 199
14	高分子材料与工程	工学	本科	6 102	7 078	8 706
15	服装设计	工学	本科	6 063	7 518	8 646
16	土木工程	工学	本科	6 048	7 378	8 706
17	电气工程及自动化	工学	本科	6 012	7 214	8 584
18	机械设计与制造	工学	专科	5 827	6 934	8 529
19	复合材料与工程	工学	本科	5 644	6 942	8 261
20	石油工程	工学	本科	5 579	6 416	7 828

图 6.4　2016 中国大学专业薪酬水平排行榜

首年薪酬排名	专业名称	学科类型	学历类别	平均月薪2017 届	平均月薪2015 届	平均月薪2013 届
1	软件工程	工学	本科	9 001	11 522	13 711
2	材料物理	工学	本科	8 862	10 812	12 866
3	汽车类综合	工学	本科	8 786	11 071	13 506
4	应用化学	理学	本科	8 650	10 467	13 188
5	生物科学	理学	本科	8 622	10 347	12 520
6	电子信息工程	工学	本科	8 476	10 256	12 513
7	建筑学	工学	本科	8 359	10 533	13 482
8	高分子材料与工程	工学	本科	8 109	9 730	12 357
9	石油工程	工学	本科	8 031	9 476	11 466
10	语言类综合	文学	本科	7 519	9 173	10 916
11	临床医学	医学	本科	7 097	8 445	10 134
12	应用生物科学	农学	本科	6 927	8 313	9 892
13	机器人	工学	本科	6 722	7 932	9 677

续　图

首年薪酬排名	专业名称	学科类型	学历类别	平均月薪2017届	平均月薪2015届	平均月薪2013届
14	微电子科学与工程	理学	本科	6 656	8 254	9 987
15	计算机科学与技术	工学	本科	6 093	7 678	9 136
16	土木工程	工学	本科	6 087	7 426	8 911
17	电气工程及自动化	工学	本科	5 975	7 230	9 182
18	轨道交通	工学	本科	5 854	7 259	8 638
19	机械设计与制造	工学	专科	5 731	6 763	8 183
20	复合材料与工程	工学	本科	5 696	7 005	8 967

图 6.5　2017 中国大学专业薪酬水平排行榜

6.3　学科竞赛简介

软件工程专业的在校大学生可以通过多种方式进行能力提升,除了计算机协会等校园社团活动之外,还可以通过参加各种学科竞赛提升自身的综合能力,为将来读研和就业履历增添光芒和亮点。

6.3.1　"蓝桥杯"全国软件和信息技术专业人才大赛

为促进软件和信息领域专业技术人才培养,提升高校毕业生的就业竞争力,由教育部就业指导中心支持,工业和信息化部人才交流中心举办蓝桥杯大赛。十年来,包括北大、清华在内的 1 300 余所院校,累计 40 万余名学子报名参赛,IBM、百度等知名企业全程参与,成为国内始终领跑的人才培养选拔模式并获得行业深度认可的 IT 类科技竞赛。

6.3.2　全国大学生软件测试大赛

由教育部软件工程专业教学指导委员会、全国高等院校计算机基础教育研究会、中国计算机学会软件工程专业委员会、中国软件测评机构联盟、中国计算机学会系统软件专业委员会和中国计算机学会容错计算专业委员会主办,南京大学、陆军工程大学、金陵科技学院、江苏软件产业人才发展基金会、江苏省软件新技术与产业化协同创新中心总承办的"全国大学生软件测试大赛",于 2016 年举办首届,2017 年举办第二届,2018 年举办第三届,2019 年举办第四届,参赛人次已超过 25 000 人,涉及高校超过 330 所。

6.3.3　"挑战杯"全国大学生系列科技学术竞赛

挑战杯是"挑战杯"全国大学生系列科技学术竞赛的简称,是由共青团中央、中国科协、教育部和全国学联共同主办的全国性的大学生课外学术实践竞赛,竞赛官方网站为 www.tiaozhanbei.net。"挑战杯"竞赛在中国共有两个并列项目,一个是"挑战杯"中国大学生创业计划竞赛,另一个则是"挑战杯"全国大学生课外学术科技作品竞赛。这两个项目的全国竞赛交叉轮流开展,每个项目每两年举办一届。

6.3.4　中国互联网＋大学生创新创业大赛

中国"互联网＋"大学生创新创业大赛全面落实了习近平总书记给中国"互联网＋"大学生创新创业大赛"青年红色筑梦之旅"大学生的重要回信精神,按照《国务院办公厅关于深化高等学校创新创业教育改革的实施意见》等文件要求,加快培养创新创业人才,持续激发大学生创新创业热情,展示创新创业教育成果,搭建大学生创新创业项目与社会资源对接平台。

大赛由教育部、中央统战部、中央网络安全和信息化委员会办公室、国家发展改革委、工业和信息化部、人力资源社会保障部、农业农村部、中国科学院、中国工程院、国家知识产权局、国家乡村振兴局、共青团中央和各地方人民政府主办,各大高校承办。

6.3.5　江苏省大学生程序设计大赛

江苏省大学生程序设计大赛是江苏省计算机学会主办的计算机类专业竞赛,目的是展示大学生的开拓创新能力和团队合作精神,提高其在压力下运用计算机来分析和解决问题的水平,促进江苏高校高素质拔尖创新人才培养工作。大赛着重考察参赛者的抽象能力、思维方式及数据结构、算法设计、程序编程等综合能力,以及团队合作协同克难的精神。

小　结

本章结合中国软件技术的发展现状,分析了软件技术发展的趋势,中国的软件技术必然向网络化、服务化、智能化、多样化、融合化以及开放化的方向发展。未来几年内,软件行业的应用开发仍然重点结合人工智能、大数据、物联网以及云计算等新兴技术。本章同时针对软件工程专业,介绍了当前软件工程专业的就业前景,最后也介绍了本专业的主要学科竞赛。

习　题

一、思考题

1. 当前软件技术发展的趋势是怎样的,如何分析?
2. 结合当前软件工程的就业前景,谈谈自己的职业规划?

【微信扫码】

相关资源

第7章

毕业设计作品及点评

本章导读

本科阶段最后一学期,每位学生综合运用所学知识独立完成一个软件类作品,这就是毕业设计。本章以真实毕业设计案例《基于 JavaWeb 的新型农产品自给系统的设计与实现》为例,讲解毕业设计的目的和注意事项,以及说明如何运用所学知识提升编程能力。第一节讲解毕业设计的目的与意义。第二节至第七节是完整的毕业设计作品,每节采用的结构是"原文+点评"的形式,既注重保留原文的完整性,也适当地进行点评和说明,点评会用"点评"字样标出,相关说明用"说明"字样标出。

本章主要知识点

➢ 知识点 1　毕业设计目的与意义
➢ 知识点 2　毕业论文的基本结构
➢ 知识点 3　毕业论文的注意事项

7.1　毕业设计概述

7.1.1　毕业设计目的

毕业论文(设计)是软件工程专业本科阶段最重要,也是最后一个环节。旨在培养学生综合运用所学的基本理论、基本知识和基本技能,分析和解决有关软件应用实际问题的能力,进一步综合、深化与拓展原有知识,通过综合训练成长为专门的软件工程技术人员。

7.1.2　毕业设计过程安排

一般来说,毕业设计从第七学期的倒数第 2 周开始至第八学期第 12 周结束,共计 14 周左右时间。毕业设计总的流程为：毕业设计动员——师生互选匹配——课题审核——下达任务书——开题——中期检查——毕业设计（论文）评阅——毕业设计（论文）答辩——成绩评定——材料整理、汇总归档。

7.1.3　毕业设计相关资料与归档要求

毕业设计（论文）归档资料一般分为两个分册，具体内容如下：

第一分册：选题审批表、选题变动申请表（可选）、任务书、开题报告、外文翻译、中期检查表、答辩申请表、指导教师评价表、评阅教师评价表、答辩委员会评价表、答辩记录表、综合成绩评定表、优秀毕业设计（论文）推荐表（可选）等。

第二分册：毕业论文、文本复制检测报告单（简洁版）等。

毕业论文具体写作规范可以参看附录 C。

7.1.4　毕业设计任务安排

毕业设计是一个系统性的工作，学生需要在老师的指导下充分发挥自己的知识与技能完成一个相对完整的软件作品，最大可能的熟悉软件研发流程，提升软件研发能力，为就业提供一份保障。具体的任务和完成时间以及需要完成的资料如表 7.1 所示。

表 7.1　毕业设计分阶段任务安排

序号	流程	任务	归档资料	完成时间
1	毕业设计动员、师生互选、课题审核	选题、调研、收集资料	选题审批表	第 18 周（第七学期）
			选题变动申请表（可选）	
2	下达任务书		任务书	
3	开题	方案设计提纲、撰写开题报告	开题报告	第 19 周（第七学期）
4	方案设计	翻译资料、读书笔记、方案设计	英文翻译	第 1—2 周（第八学期）
5			读书笔记	
6	中期检查	方案实现、实验与调试	中期检查学生自查表	第 3—6 周（第八学期）
7			中期检查评价表	
8	完善方案	方案优化、论文初稿	答辩申请表	第 7—10 周（第八学期）
			延期答辩申请表（可选）	
9	论文评阅	论文定稿、打印	指导教师评价表	第 11 周（第八学期）
10			评阅教师评价表	
11	答辩	毕业答辩	答辩记录表	第 12 周（第八学期）
12	成绩评定	成绩评定	答辩委员会评价表	
13			综合成绩评定表	
14	归档	材料整理、汇总	推荐表（可选）	

7.2　课题选择

7.2.1　课题研究背景

关于互联网与农产品的结合,最早应用在助农服务上。利用互联网进行乡村扶贫工作,从源头解决农产品滞销的问题。各短视频平台利用互联网进行农产品推广越来越多。而反观当下的购物网站或短视频平台,几乎没有专门为农产品推广开发的软件或网站。本课题是基于 JavaWeb 的新型农产品自给系统,深入的为农户服务,解决此类问题。

新型农产品自给系统的买卖关系与传统的农产品供给有所不同。传统的农产品销售方式是现货交易,而本平台不是进行现货的直接交易。平台允许用户发布农产品,为购买者栽种农作物,购买者可随时向卖家要求查看农产品的动态,待果实成熟后发货。

当前,中国的农业生产还是属于传统意义上的生产模式,对比其他行业的发展,计算机技术的持续发展严重冲击着传统行业。在这个大数据的时代,很多大型资本利用互联网卖菜,很大程度冲击了传统企业。但因此也催生了新兴产业的发展,传统的产业与当下流行的互联网产业相互结合受到了很多人的追捧。对于计算机与互联网的整合,不仅仅是 $1+1=2$ 这样的关系,也会带来其他的好处。通过互联网的可传播性与高效性结合农产品本身的价值,使得农业得到极大的发展。因此,通过互联网与农业的结合能更好地发挥其优势。

7.2.2　课题研究目的和意义

基于 JavaWeb 的新型农产品自给系统是一套适合各类用户的新型农产品系统。其设计目的是为广大用户提供一个更专业的农产品购物平台。与当今现货交易的方式不同,该系统让农户自行种植并反馈动态给客户,同时构建一个更加智能化的农业系统。农业物联网技术的发展引发了全国农业生产智能化的全新变革,大数据技术创新正驱动农业监测预警快速发展。农业小微企业也可以使用网络大数据、云计算等网络工具平台创建的财务信息共享平台,通过借鉴其他企业的管理经验,结合自身情况弥补不足,并做出相应的调整。

7.2.3　国内外研究现状

对于一个国家的发展来说,农业信息数据是一个非常重要的数据基础。国外相对国内研究农产品数据化要更早一些,这和国内外人口密度有着密切的关系。国内人口密度大,在高密度的地区很难进行大规模的开发,对于密度小的开发得相对较晚。这也与我国的国情有关,我国农产品的营销水平较低,无法成为农业经济发展的重要推动力。相较于国外的低人口密度,更适合集成化的管理,这也促进了农业数据化技术的高度发展。

国内近些年各行业高速发展,信息技术突飞猛进,但与农产品相关的产业少之又少。有部分资本企业构思过买菜项目,如多多买菜、天猫生鲜、京东生鲜等。但他们依旧是建立在资本壁垒上,起点不是个体农户,而是一个企业。即便随着企业的发展,后续依旧不会关注个体农户的生存问题。无法从根本上解决农产品滞销或农户利益的问题,不能真正的发挥互联网、信息化的作用。因此国内相应平台仍有很多的改进空间,有针对性地组织生产,提高生产效率,从而提升农民的收益。传统农业主要依靠劳动力这一生产要素,而互联网技术的应用带来了智能化。

7.2.4　研究内容及方法

针对上述情况,开发基于 JavaWeb 新型农产品自给系统,通过前后端的管理,实现农产品交易网站的运行。系统服务的对象是普通用户和农户。从农户的角度出发,开发一个属于农户的销售平台,农户可以通过平台发布自己的农产品。在系统设计时,着重以简洁、易操作、功能专一为主题。

从设计过程的层面分析,利用可视化界面进行交互尤为重要。界面操作的灵活性、安全性需要加以保证。相关信息的展示要全面,设计多条件查询让用户获得特定的信息。所以在设计开始时首先要进行实地考察,查阅相关资料,分析系统可行性,确定实现系统开发的工具和应用技术,对系统的需求进行分析建模,结合实际情况确定系统的功能。

本节是原始毕业设计的第一章,章标题为"绪论";此处修改标题为"课题选取"。原始毕业设计的第二章至第六章分别对应第三节至第七节,核心代码参见附录 D。

1. 选题原则

课题的选取是毕业设计非常重要的一个环节,选择一个合适的课题,会为圆满完成毕业设计开一个很好的头。选题也有几个重要的考虑因素。

(1) 实用性。选题应该具有一定的应用价值,在与专业知识相吻合的情况下,尽可能结合满足社会需要的选题,若再能有某种程度的创新则更好。

(2) 难易度。选题的难易程度要适当,课题的工作量要适中,以保证在规定的时间内可以通过努力完成。

(3) 团队性。一般情况,鼓励一人一题。如果确有需求,几个人同做一个大课题,总体设计每个人都要参加,其余部分应分工明确,不允许多人使用同一软件做同一子课题。

(4) 过程性。选择选题时学生应该与指导老师充分交流,反复论证再定题。一般来说,教师可以先给定初步备选题,学生根据情况选择并适当调整;另外,学生如果有特别感兴趣的课题,可以主动和老师沟通,经审核后定题。

2. 写作方法

该部分介绍选题背景,介绍选题的原因和意义。接着介绍与课题相关的内容国内外研究的程度,说明本课题研究的必要性。最后介绍课题的研究内容。

7.3　开发环境及开发工具

7.3.1　HTML 简介

网页设计不仅需要强大的工具,还需要最新的技术支持。HTML 与 CSS 样式在网站的开发过程中是必不可少的工具,但 HTML 并不是一种编程语言,是一种基于标记的语言。其网站页面可包含很多模块,如图片、超链接等。HTML 包含了很多特性,如简易性、可扩展性等。随着互联网络与新媒体的快速发展,HTML5 技术也在互联网络发展中不断升级改版,提升自己的优势,特别是在图形处理方面展现出非常明显的应用优势,使其已经成为互联网络的主流技术,未来随着网络技术的更新以及硬件的提升,HTML5 技术会展现出更强的应用价值。

7.3.2　JSP 简介

JSP 的全称是 Java Server Pages,从使用过程的角度看,可以更好地体验它的动态开发技术,究其根源可以理解为一种 Java 的服务器界面。通过 JSP 开发的网页具有很好的可扩展性,不同平台都可以完美的运行。一个常见的 JSP 可以拆分为用户定义的标签、JSP 操作指令、元素与脚本变量和静态层数据等部分。JSP 技术的优点有很多,它分离了网页设计与网页逻辑,更符合高内聚、低耦合的开发原则,并且 JSP 可以重用以组件为基础的技术,这大大加快了 Web 应用的开发速度,开发人员能够利用 JSP 技术中的个性化标记库对动态网页开发过程进行扩展。

7.3.3　Servlet 简介

Servlet 是一种通过 Java 编写的服务器程序。顾名思义,服务器是用于访问时提供所需要数据的交互或从动态层面生成 Web 内容。Servlet 的开发遵循 SUN 公司提供的 Servlet API 规范。从一个层面讲,运用 Java 语言实现的一个接口类是 Servlet 的基础,但从另外一个角度去分析 Servlet 的话,Servlet 则是去实现 Servlet 的接口类。一般我们通常更容易将其理解为广义的一面。而且 Servlet 线程相对非常地灵活,它不需要一直处于拥塞过程中,不像其他的一些服务或进程,在不工作时一般处于拥塞状态,就好像输入输出流一样在等待工作时处与拥塞控制的状态。但 Servlet 在接收某个请求后,它的线程会消耗一定时间去委派另一个线程完成其任务,自己可以不进行响应,返回容器中。

7.3.4　JavaScript 简介

JavaScript(JS)是由 NetScape 公司开发的、在网站开发过程中一种非常实用的脚本语言,其运行方式是利用脚本进行驱动。并且,JavaScript 是面向对象、解释型的高级语言,在移动 Web 开发过程中被广泛应用。在网页中,标签< script >里插入的就是 JS 语言,也可以直接通过外部的 JavaScript 文件来运行 JS。JS 的主要特点有很多,与其他语言不同,一种通过解释性的脚本语言,对于整个系统而言并不需要运行才能得到结果,而且不需要进行编译。JS 主要用于与前端的 HTML 网页进行互动以及与前端的界面交互,而且这种文件是可分离的,使用起来非常地灵活,充分体现了高内聚低耦合的特点。

7.3.5　SpringBoot 简介

SpringBoot 是一款高效的轻量级开发框架,是由 Pivotal 团队提供的用于简化 Spring 开发的微服务框架。它是 Spring 发展到一定阶段的产物而其又不能说是 Spring 的替代品,但可以算是 Spring 的一种延伸,一种可以让开发者更加轻松的框架。纵观 Spring 的发展史,随着 Spring 的快速发展,框架变得越来越精巧但是繁琐的 XML 配置让人也变得非常头疼,因此 SpringBoot 应运而生,极大地简化了 Spring 的开发。SpringBoot 可以说是一个极其灵活的组件,它内嵌了如 Tomcat 之类的工具,方便了开发人员快速地进行开发。Idea 平台一直被用作 Java 的设计开发平台,在平台开发实现到目前为止,广受欢迎,不仅得益于 Idea 平台的开源性,Idea 工具也提供很多插件用于开发 Java 项目。

7.3.6　MySQL 简介

MySQL 是由瑞典 MySQL AB 公司开发的一款关系型数据库系统,是一种基于 C/S 的多用户多线程的开源关系数据库管理系统。MySQL 非常地灵活,它可以运行在多个操作系统上,同时支持多种数据语言。所以 MySQL 的应用十分广泛,很多大型的企业如 Facebook、Google 都采用 MySQL 管理其数据库。在处理高数据量的数据时,MySQL 数据库能实现对数据的高效管理,其优秀的性能也深得开发者的青睐。

7.3.7　Tomcat 简介

提到 Tomcat,必须要讲的就是作为一种 Web 容器,它的免费性、开源性、轻量级等优点,使得它可以很好地响应 HTTP 协议的要求,Servlet 和 JSP 的支持被它很好地完成了。Tomcat 中包含了很多,服务器与连接器和容器是最基础的,因为 Tomcat 技术的先进性与稳定性,并且免费服务深受广大使用者的喜爱。从运行层面分析,Tomcat 使用的是 war 文件,与其他的 jar 文件相似,war 文件同样是通过很多个不同文件所组成的一种压缩包。而且它的文件的组织结构是由多层目录所组织成。广义上说,Tomcat 不仅可以说是一个 Servlet 容器,它也同时具备了其他传统的 Web 服务器所具有的功能,若是运用的话可以将两者结合使用。Tomcat 在 Java 开源领域具有举足轻重的地位。

7.3.8　软硬件环境

此系统的开发,需要相关的软硬件环境:
(1) CPU:Intel Core i7-2450M。
(2) 内存:4.00 G。
(3) 硬盘:500 G 空闲空间。
(4) 操作系统:Windows 7。
(5) 开发工具:Idea。
(6) 服务器:Tomcat。
(7) 数据库:MySQL。

点评:1. 本节主要说明系统开发所需环境与编程语言、数据库等,并介绍它们将如何应用于本系统开发。

2. 书写要求。主要是将自己开发系统用到的工具等进行介绍,用不到的编程工具不用列出。此外,专有名词写法应该统一。

7.4　需求分析

7.4.1　技术可行性分析

依照公认的 Web 系统的开发模式,对系统所需要实现的基本功能进行分析。在系统设计之初,确定好所需要的功能模块,并进行 Web 界面的布局,然后将系统划分为各个模块,构建系统的整体模块图,按模块进行开发。

采用 Idea 平台进行开发是因为 Idea 一直作为 Java 的设计平台并广受大家的欢迎,Idea 作为一款开源的工具,提供了很多 Java 开发项目的插件,非常实用。Idea 平台的学习相对方便,容易上手,开发者仅仅需要了解大概的开发过程即可完成程序的开发。此外,Idea 的稳定性很好,并且继承了很多有用的服务器,开发者可以通过集成的服务器进行开发,随时查看系统开发的情况。Idea 还可以访问 MySQL 所提供的轻量级数据库从而实现存储工作。

MySQL 是一种轻量型关系数据库,它包含开放性、灵活性等很多优势,深受开发者的喜爱。就目前来讲,MySQL 具有稳定的性能、全面的功能,得到很多人的关注与追随,非常值得使用。

在开发基于 JavaWeb 的新型农产品自给系统时综合上面的分析,选择了 MySQL 这种关系型数据库进行数据的存取,在大学的学习过程中学习过很多语言如 C、C++、Java 等,主修是 Java 所以选择 Java 语言是非常可行的。并且学习过数据库这门课,采用的也是 MySQL 数据库进行教学,因此整个系统的实现并不困难。通过大学期间的学习,能够更好地对软件进行开发。从需求分析到概要设计,进而详细设计、编码与测试,各个环节紧密联系。对此次毕业设计也有着很大的帮助。

7.4.2 功能需求分析

1. 总体功能需求分析

基于 JavaWeb 的新型农产品自给系统的设计是为了让更多的用户在更专业的平台进行农产品有关需求的服务。每个用户都可以申请成为农户,这与现实中的情况完全符合,一个人既可以是普通的用户也可以申请成为农户,但申请的过程并不是立即成功的,需要上传一定的资料待管理员审核通过后方可成为农户,进行农产品的发布。发布后的产品经管理员审核后便可在主页显示。用户可以通过多种方式进行访问,如大厅查看或按需求搜索。管理员可以动态地改变首页的布局。用户查看产品后可对产品进行个性化操作。

本系统主体分为两大用户:用户和管理员。用户是农户的前身,当用户提交了认证资料,通过管理员审核后用户身份即更改为农户身份,之后可发布农产品等信息。针对用户而言,用户可以查看产品、收藏产品、产品加购物车、购买产品或退货。与普通购物流程类似,但买卖双方交易的规则产生了变化,用户可以和卖家沟通,购买后种植在农户家中,待果实成熟后方可发货。对于农户而言,可以发布农产品,但在发布后仍需管理员审核,产品审核通过后方可供用户购买。在系统中权力最大的是管理员,他可以修改或审批任何信息,在系统中充当中流砥柱的作用。

2. 用户功能需求分析

通过对整个系统功能的梳理,分析出用户所具有的基本功能,包括:

(1)登录。用户进入农产品登录界面向其对应文本框中输入账号密码及验证码即可登录系统。

（2）主页浏览。对所有农户发布的产品进行展示，系统默认展示可由管理员动态更改。

（3）个人信息。点击头像或账号即可查看个人信息，个人信息中包含四个模块，分别对应着个人资料、信息认证、订单管理和购物信息模块，对用户的各种信息进行管理。

（4）修改资料。个人信息在注册时填写，后期改动时可以通过基本资料更改个人信息，当修改密码时需要填写旧密码后更改新密码。并且为了方便用户购物，增加地址管理，用户通过"我的地址"可以增加或删除自己的购物地址信息。

（5）认证资料。普通用户通过认证资料后可成为农户。

（6）交易管理。用户可以通过订单管理查看自己的订单号、金额等信息，若需要退款则仅需用户确认收货后点击退款即可。

（7）购物信息。用户有喜欢的商品可点击添加到购物车方便后续购物，也可在商品界面联系商家与商家沟通，喜欢的商品也可加入收藏。用户每浏览一件商品则增加一条浏览记录。

3. 管理员功能需求分析

通过对整个系统功能的梳理，分析出管理员所具有的基本功能，包括：

（1）用户管理。管理员可对用户进行管理，审核用户信息是否规范，如用户存在违规情况则对其进行禁用，当用户更改后可进行撤销。

（2）轮播图管理。管理员可对主页的轮播图进行管理，为使其更加美观，可以动态地增加或者删除轮播图图片。

（3）分类管理。为使界面更加简洁，管理员可将界面按商品种类进行分区，将系统划分成多个主题的界面。农户上架商品时需设置其标签。

（4）商品管理。农户若想上架商品则需要向管理员提交审核，当信息审核通过时方可上架，管理员也可以对商品信息进行修改。

（5）认证管理。普通用户若想成为农户则需要向管理员发送审核，只有当审核通过，用户身份才可以成为农户。并且可以发布农产品。

（6）消息管理。管理员可以查阅用户与农户的聊天记录。

（7）订单管理。用户生成订单后，系统管理员进行订单信息查阅，若订单存在不符或违规信息则可对订单处理退款。

7.4.3　系统用例模型

1. 总体功能用例图

用户登录系统后可查看首页、管理个人中心、搜索农产品、查看农产品信息等功能。

（1）查看首页。用户登录成功后进入首页，可查看不同种类的农产品，并且可按照农产品类型进行查看。

（2）管理个人中心。用户进入个人中心页面可对个人中心进行管理，选择四个模块的内容分别处理个人信息情况、认证资料情况、交易订单情况和购物信息情况。用户选择需要的模块进行个性化操作。在基本资料中对基本资料进行修改，也可通过修改密码按钮对用户密码进行修改。点击我的地址可增加或者删除个人地址方便购物。在认证中心中认证资料后即可成为农户。对于购买后的商品，即生成订单信息在订单管理中查询。退换货可在退款售后中提交。

（3）搜索农产品。用户通过搜索框可使用名称或者类型进行搜索，完成检索后，系统将搜索结果展示在下方界面。

（4）查看农产品信息。用户选择农产品后，点击对应的图片进入农产品的详情界面。

（5）管理员登录系统后可对用户信息进行管理，选择禁用或启用。对主界面的轮播图进行管理，动态地增加或删除轮播图。主界面所展示的所有分类也可变动。对商品进行管理时，可针对不同的商品进行标签的设置。同时，管理员可以通过管理界面审核用户的认证信息，当审核成功后用户身份变成农户。管理员对用户与农户所发送的消息可以动态地进行查看。在订单管理中可管理用户订单信息、交易信息及售后服务信息。

（6）用户管理。管理员可查询用户的所有信息，若用户存在违反规定的行为可禁用该账户，待用户通过处理后也可解除禁用。

（7）轮播图管理。对于主界面的轮播图，管理员可以动态地增加或者删除，若并不想删除也可将其隐藏。

（8）分类管理。主界面按农产品的分类展示，管理员可增加分类种类，也可设置主页出现的分类数量，以使得整个系统更加美观。

（9）商品管理。农户上传的农产品，管理员可更改其具体信息，为其增加或修改属性。对于系统提供的标签，管理员也可增加或修改。

（10）认证管理。管理用户认证信息，待农户上传认证图片信息后即可进行验证。

（11）消息管理。管理员可以查阅用户与农户的聊天记录。

（12）订单管理。对于用户购物后所生成的订单，管理员通过管理界面可以查阅对应的订单信息，处理退换货等售后服务，跟踪用户的发货状态。

通过对各顶层功能的分析建立顶层图如图7.1和7.2所示。

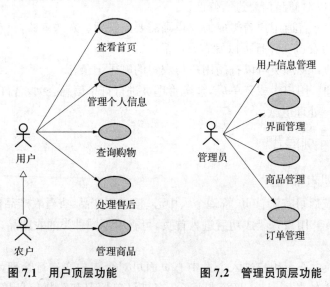

图 7.1　用户顶层功能　　　　图 7.2　管理员顶层功能

2. 分层功能用例图

通过整体分析后，下面对各模块的功能进行分析。

（1）查看首页，如图 7.3 所示。用户进入首页可查看轮播图、查看分类、查看购物车、查看个人中心、退出系统等。用户进入系统后首先映入眼帘的是轮播图动画，用于展示系统推荐的产品。通过查看分类可了解不同类型的农作物，如果类、蔬菜、花卉等。查看购物车功能可查看已加入购物车的产品。用户点击退出系统即可退出账号。

（2）管理个人信息，如图 7.4 所示。管理个人信息功能包括了基本资料的修改、密码的修改和个人地址的增加或修改以及资料的认证。个人信息中包含了头像、昵称、姓名、年龄、性别、手机号和邮箱等功能。修改密码功能需要提供旧密码、新密码和确认密码。在输入新密码前需要验证旧密码的正确性以确保用户的安全。编辑我的地址以方便用户在购物时输入收件地址。

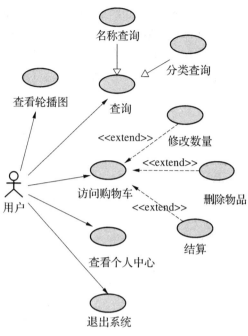

图 7.3　查看首页

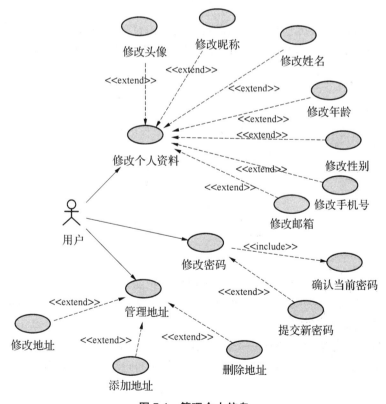

图 7.4　管理个人信息

（3）查询购物，如图 7.5 所示。查询商品后若用户喜欢即可点击购买形成订单，也可以加入购物车或收藏以方便下次购物。若不清楚商品详细信息时，可点击发送消息向卖家咨询产品情况。用户每浏览一款商品即可生成一条浏览记录，浏览记录按日期存放，且在浏览完后对应农产品下方增加一条浏览记录。

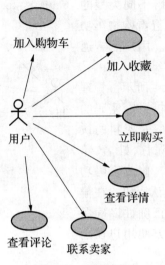

图 7.5　查询购物

（4）处理售后，如图 7.6 所示。待生成订单后点击订单管理即可查看订单状态，卖家处理订单后即可更新订单。用户购物完成后对商品不满意发起退款，卖家通过即可完成退款。若对订单满意即可对订单进行评价。

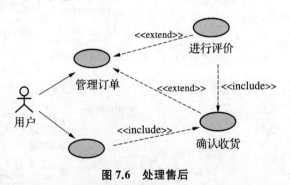

图 7.6　处理售后

（5）管理商品，如图 7.7 所示。用户通过申请资料验证可获得农户身份，若申请成功即可拥有农户权限发布产品并处理购物订单。用户点击新增商品可上架自己的产品，包括商品信息、标签、图片信息、详情信息及数量。若农户想要下架商品，也可点击下架。当买家成功完成订单，农户订单列表增加一条订单信息，农户完成发货后可点击立即发货设置订单状态，同样用户也可同步更新状态。对于完成交易的订单，若买家不喜欢需要退货时农户可点击同意退货。

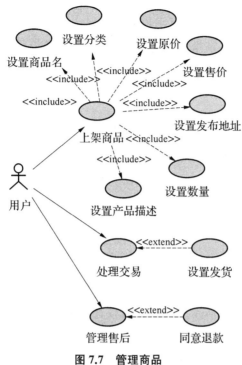

图 7.7 管理商品

管理员登录系统后可对整个系统进行管理,通过后台系统可对用户信息动态管理、界面布局美化、商品信息校验、对订单进行维护。

(1) 界面管理,如图 7.8 所示。主页映入眼帘的是两个模块,分别是轮播图和商品展示。管理员可以动态的更改轮播图动画以求系统的美观。系统商品展示区按照商品的类别进行展示,管理员可设置不同的分类标签对产品进行管理。

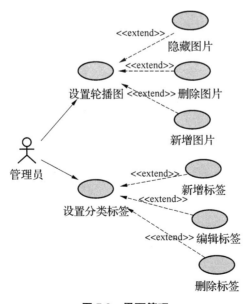

图 7.8 界面管理

（2）用户信息管理，如图 7.9 所示。管理员点击用户信息查看用户的账号信息是否有违规的地方，若存在违规，则可以禁用用户的账号。待用户不存在违规后可将账号重新启用。当用户申请成为农户后，管理员则会收到申请信息，管理员有权通过或驳回用户的农户身份申请。

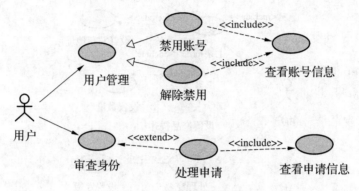

图 7.9　用户信息管理

（3）商品管理，如图 7.10 所示。管理员有权力查看并编辑修改所有商品信息，包括商品名称、商品分类、商品价格、商品发售价、发布地址、数量和描述信息。若商品分区存在错误，管理员可更改其标签甚至下架商品。

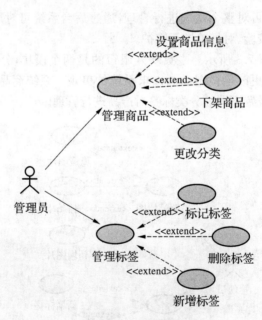

图 7.10　商品管理

（4）订单管理，如图 7.11 所示。管理员可查看所有订单的信息，管理订单的情况并处理退款信息等。

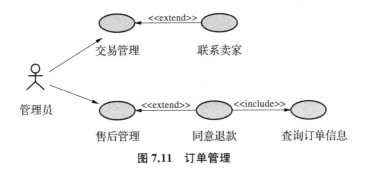

图 7.11　订单管理

7.4.4　系统动态建模

1. 修改密码顺序图

用户修改密码的具体流程如下：

（1）用户通过输入框输入用户名、密码和验证码即可进入登录界面。

（2）用户点击修改密码按钮，进入修改密码界面，选择自己需要修改的密码。

（3）根据系统提示输入三种密码，点击确定后发送到对应数据库。

（4）数据库验证查询到用户信息进行原密码匹配后，将新密码插入数据库。

（5）数据库更新成功后将修改成功信息返回到系统界面。

（6）系统自动返回到登录页面，用户用新密码登录系统。

（7）用户重新进入登录界面，使用新密码重新登录系统即可。

根据以上修改密码的流程，可以得出用户修改密码的顺序图如图 7.12 所示。

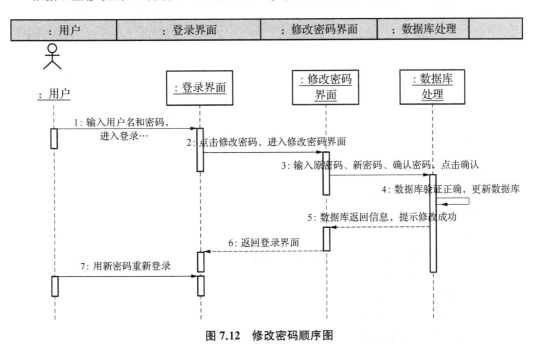

图 7.12　修改密码顺序图

2. 更新轮播图顺序图

管理员更新轮播图的具体流程如下:

(1) 管理员进入后台登录系统进行登录验证。

(2) 登录成功后即可进入后台主页面。

(3) 管理员选择修改轮播图功能块,进入到修改页面。

(4) 数据库向管理员发送传递可修改的信息。

(5) 管理员修改后,修改界面向数据库发送消息。

(6) 数据库处理界面验证并处理修改界面提交的信息,更新数据。

(7) 数据库更新之后返回信息到修改界面,提示修改成功。

根据以上流程,可具体得出管理员更新轮播图信息的顺序图如图 7.13 所示。

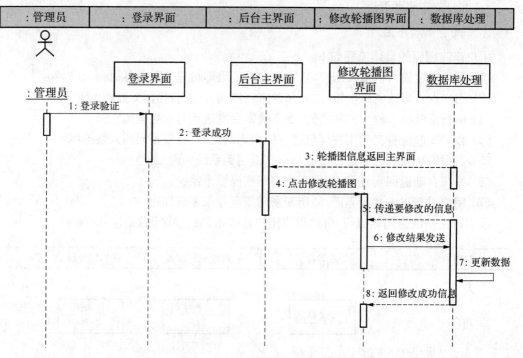

图 7.13　更新轮播图顺序图

3. 用户购买农产品顺序图

用户购买农产品的具体流程如下:

(1) 用户通过登录界面输入用户名、密码与验证码进行登录验证。

(2) 用户登录成功后跳转进入系统主界面。

(3) 数据库返回所有符合条件的展示的商品信息。

(4) 用户选择需要购买的商品。

(5) 数据库返回商品信息。

(6) 用户点击提交订单选项。

(7) 数据库返回订单信息。

(8) 用户成功付款。

（9）数据库接收到付款信息处理后进行数据更新。

（10）数据库处理成功后返回待发货信息。

根据以上用户购买农产品的流程信息，就上述分析可得出用户购买农产品的顺序图如图 7.14 所示。

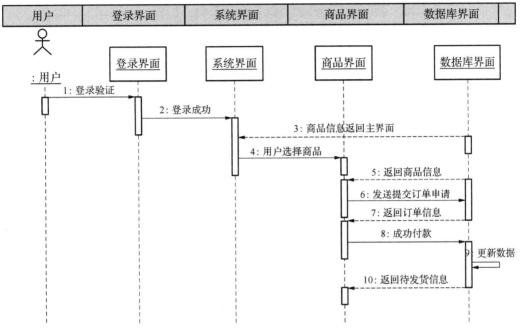

图 7.14　用户购买农产品顺序图

4. 农户发布农产品协作图

农户发布产品信息的流程如下：

（1）农户进入登录界面输入用户名、密码和验证码后进行登录验证。

（2）数据库核对成功后返回登录成功信息。

（3）农户登录成功后方可进入个人后台的主页面。

（4）选择商品信息模块点击新增。

（5）向数据库发送商品信息。

（6）数据库进行数据更新，并向管理员发送审核信息，待管理员审核用户发布产品是否符合规范。

（7）数据库返回提交信息成功并发送给管理员。

（8）管理员审核通过，提交审核通过信息。

（9）数据库将处理结果返回给农户的商品信息界面。

（10）农户发布成功后可退出系统。

根据以上农户发布农产品信息，可具体得出农产品发布的协作图如图 7.15 所示。

5. 农户修改农产品信息协作图

农户修改农产品信息的具体流程如下：

（1）农户进入登录界面后输入用户名、密码和验证码进行登录验证。

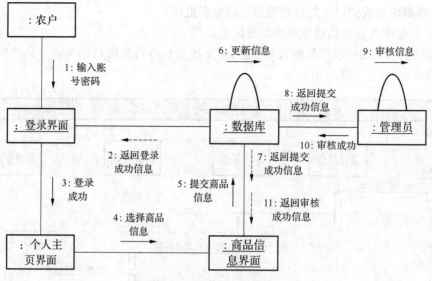

图 7.15　农户发布农产品协作图

（2）系统验证通过后登录成功即可进入到系统主界面。

（3）点击对应商品信息模块即可进入到商品信息界面。

（4）农户对商品信息进行编辑修改。

（5）数据库对新编辑后的产品信息进行更新。

（6）数据库将处理成功结果返回到商品信息界面并提示操作成功。

（7）当操作成功后退出商品信息界面到商品详情界面。

（8）农户在商品详情界面查看到更改后的内容。

（9）查看后退出登录。

根据以上农户修改农产品信息的具体流程，可具体得出农户更改商品信息的具体协作图如图 7.16 所示。

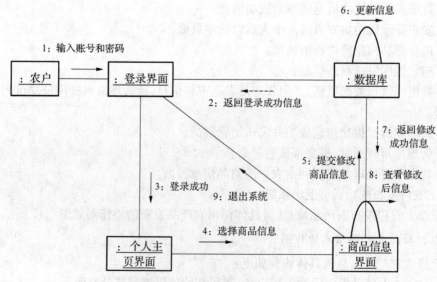

图 7.16　农户修改农产品协作图

7.4.5 性能需求分析

新型农产品自给系统是一款服务农户与消费者的一个系统,在整个系统的实现功能与运行过程中,不仅要考虑美观性,也要充分考虑如成本、可操作性和安全性等方面。该系统是在网上运行,用户登录网站即可,所以从用户层面看具体的性能需符合以下几点:

(1)实用性。网站成本要低廉,用户注册账号无需收费并且提供后续免费服务。用户可进行购买或浏览等操作。

(2)稳定性。系统对质量的要求很高,为保证系统在用户使用的过程中流畅运行,在开发与测试过程中,不断进行测试。在系统投入使用后也要定期进行维护与更新。

(3)易用性。本系统适合各个年龄段的人员使用,方便简洁。功能一目了然不繁琐。充分考虑用户的感受,功能块简单易操作,各个界面入口不隐蔽,方便查找和使用。

(4)美观性。一个简洁美观的界面可以提升用户的使用感,因此设计过程中要呈现出一种简洁美但又不可省略很多重要的东西,将所有功能融合后,采用单色调进行展示,可以让用户有更好的使用感。

(5)安全性。一个好的系统,不光光是一个花架子,徒有好看的外表,更重要的是信息的安全,在这个信息化的时代,系统的安全性是用户最重要的属性。因此在设计系统的过程中充分考虑到用户的信息安全,及时做到备份。

点评:1. 本部分主要对项目进行需求分析,需求分析是软件生命周期中最重要的一个环节,会对整个软件开发质量起到全局性、深远的影响,甚至可以说决定软件开发的成败。软件开发通常包含这几个阶段:需求分析—总体设计—详细设计—项目实现—项目测试—项目验收—项目维护。需求分析阶段如果功夫不到位,对客户需求没有完全弄清楚或有遗漏的话,后期修改会非常麻烦,得不偿失。

2. **书写要求**。该部分是对所做系统进行需求分析,主要体现对《软件需求分析》《软件工程导论》课程所学知识的综合运用。要求深入实际去了解用户的具体需求,需求分析越透彻,系统设计与实现就比较容易,后期修改的难度就较小。本部分介绍系统的开发目的,分析系统的用户角色和功能,对系统性能进行具体分析。最后,简单说明系统的软硬件需求。

7.5 总体设计

7.5.1 系统结构设计

主要开发一款新型农产品自给的系统,实现用户购买自己需求的农产品,并且提供更加专业的平台,让用户得到更好的体验。系统针对用户而言,为其提供注册登录、浏览商品、选购商品、评价商品、售后服务、认证资料等功能。用户可申请成为农户即可发布商品。通过对管理员的分析得出其具备的功能模块为:登录、管理首页、管理标签、处理售后、管理个人信息、管理用户、管理认证等服务。本系统的总体模块结构图如图 7.17 所示。

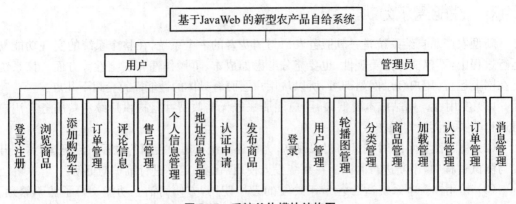

图 7.17　系统总体模块结构图

7.5.2　数据库设计

数据库是一种承载数据的集合,是系统开发的必备环节,它可以对指定的数据进行信息的存储。通过对系统的分析,本系统使用 MySQL 数据库进行开发,采用 Navicat 作为可视化软件。对系统整体进行分析后,从以下几个步骤设计数据库。

1. 数据库需求分析

通过需求分析后,对数据库的实体对象进行分析,实体包括:管理员、用户和农户。除此之外,还有其他实体如:商品、购物车、订单信息、支付信息、地址信息、商品类别、评论信息等。

通过分析,对系统所涉及的实体进行抽象,总结出各实体与属性,得出下列实体属性图。

管理员是为了对用户进行更好的管理,它的属性应包含管理员的 id 数,用于统计管理员具体的数量。管理员账号与密码是为了管理员进行登录,管理员昵称与头像丰富了管理员的个性化设置。如图 7.18 所示。

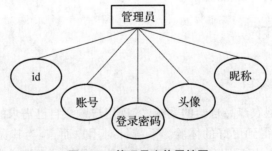

图 7.18　管理员实体属性图

用户在登录系统时需要用户的账号与密码,其他信息如性别、年龄、昵称、邮箱、联系方式丰富了用户的个人身份信息。用户实体属性图如图 7.19 所示。

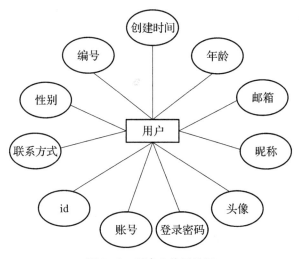

图 7.19　用户实体属性图

对商品信息进行抽象,每种商品包括了它的产品名、价格、产地、种类等自身信息,还包括卖家 id、编号、浏览人数与备注等附加信息。商品实体属性图如图 7.20 所示。

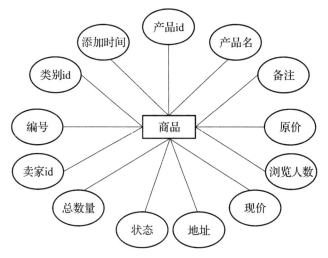

图 7.20　商品实体属性图

当用户购买成功时生成订单数据,它的属性应当包括下单地址、订单 id、订单编号、订单状况与价格等信息。订单数据实体属性图如图 7.21 所示。

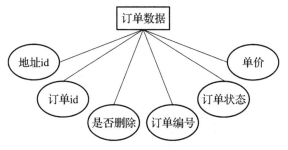

图 7.21　订单数据实体属性图

订单中包括对应的订单号、下单用户和下单商品与数量等信息。订单实体属性图如图 7.22 所示。

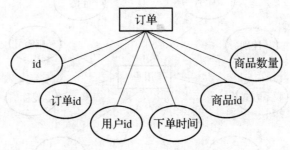

图 7.22　订单实体属性图

农户实体是由用户申请为农户后所产生的,其中包括了对应的用户号码、用户的认证图片、认证编号、认证状态等信息。农户实体属性图如图 7.23 所示。

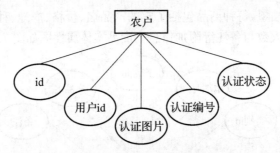

图 7.23　农户实体属性图

商品类别的存在是为了对商品进行更好的划分,其中包括了类别名称与类别 id 和创建的时间。商品类别实体属性图如图 7.24 所示。

购物车表记录了用户添加进购物车的各种商品,是由用户与商品之间的多对多关系而产生的。其中包括了用户具体的 id 与商品具体的 id 及数量等信息。购物车实体属性图如图 7.25 所示。

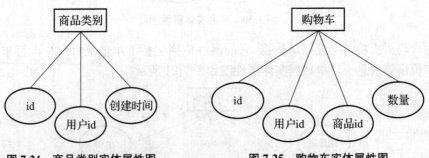

图 7.24　商品类别实体属性图　　　　图 7.25　购物车实体属性图

收货地址的存在是方便用户在购物时选择而产生的,其中包括了用户的 id 与地址 id 和地址信息等。收货地址实体属性图如图 7.26 所示。

聊天记录是为了方便记录用户与卖家的沟通而产生的,由于需要区分发送双方的顺序与时间先后,因此包含了对方 id、用户 id 及发送时间,为了区分对方是否读取,设置了是否读取状态。聊天记录实体属性图如图 7.27 所示。

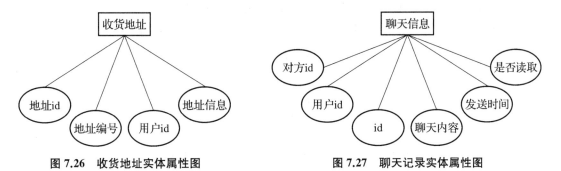

图 7.26 收货地址实体属性图   图 7.27 聊天记录实体属性图

综合上述的实体属性经过抽象后,总结出如下的实体之间的关系并绘制系统总体 E-R 图。

每一个管理员可以同时在线管理多名用户,并且每位用户可以同时受到所有管理员的管理。每一个管理员可以管理所有的商品,同时每一份产品可以受到所有管理员的管理。每一个用户可以同时购买多个商品,同时任何一个商品也可以被多个用户购买。每一个用户同时可以设置自己的多个收货地址。在存放购物车时,每一个用户仅可以拥有一个购物车而且该购物车仅可以被当前用户拥有。在商品的关系中,每一件商品可以被添加到很多个用户的购物车中并且该购物车可以存放多种商品。而且每一个商品拥有的类别数只能有一个,在该类别下可以拥有很多商品。

通过分析本系统的各用户功能模块需求,得出系统的总体 E-R 图如图 7.28 所示。

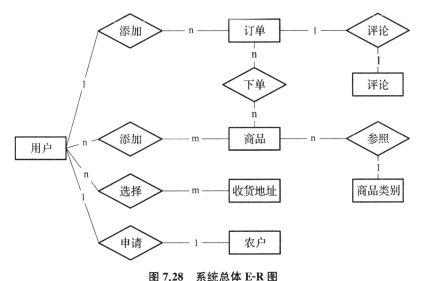

图 7.28 系统总体 E-R 图

2. 数据库表设计

通过对数据库的需求分析以及及实体关系的分析,结合数据库三范式的要求,并且要考虑是牺牲冗余度换取时间还是利用时间换取空间,进而得出所要设计的数据库表:管理员表、用户表、商品表、购物车表、订单表、订单信息表、地址表、商品类别表、评论信息表,可以基本确定每张表的各个字段。

在实施每个模块之前,应分析所有相关数据,数据格式,数据源和存储方法。数据库设计方面,设计者应结合实际情况,明确设计思路,确定最终确定方案。

管理员信息表中的管理员 id 是整张表的主键,具体信息如表 7.2 所示。

表 7.2　管理员数据表(admin)

序号	字段名	注释	数据类型	长度
1	id	管理员 ID	int(11)	11
2	userName	管理员账号	varchar(150)	150
3	userPw	登录密码	varchar(150)	150
4	picture	头像	varchar(150)	150
5	name	昵称	varchar(150)	150

用户数据表包含了所有用户的用户信息,其中用户账号是主键,用户数据表如表 7.3 所示。

表 7.3　用户数据表(userinfo)

序号	字段名	注释	数据类型	长度
1	account	账号	varchar(20)	20
2	age	年龄	int(2)	2
3	create_time	创建时间	datetime	13
4	email	邮箱	varchar(100)	100
5	header_image	头像	varchar(100)	100
6	id	用户 ID	int(11)	11
7	mobile	联系方式	varchar(11)	11
8	name	用户名	varchar(20)	20
9	no	编号	varchar(100)	100
10	password	登录密码	varchar(20)	20
11	sex	性别	tinyint(1)	1

商品信息表是商品的数据表示,其中包含了所有商品的信息,产品 id 是主键,类别 id 是类别表的外键。用户 id 是用户表的外键。商品数据表如表 7.4 所示。

表 7.4　商品数据表(product)

序号	字段名	注释	数据类型	长度
1	browse_number	编号	int(11)	11
2	category_id	类别 id	int(11)	11
3	create_time	添加时间	datetime	13

序号	字段名	注释	数据类型	长度
4	id	产品 id	int(11)	11
5	name	产品名	varchar(200)	200
6	note	备注	text	13
7	original_price	原价	double	13
8	price	现价	double	13
9	publish_address	地址	varchar(200)	200
10	status	状态	int(11)	11
11	total_number	总数量	int(11)	11
12	update_time	更新时间	datetime	13
13	user_id	用户 id	int(11)	11
14	number	浏览人数	int(11)	11

订单表是为了记录用户下单时订单中的商品,其中 id 为主键,用户 id 为用户表的外键,商品 id 为商品表的外键,订单 id 为订单表的外键。订单信息表如 7.5 所示。

表 7.5　订单信息表(torder_flage)

序号	字段名	注释	数据类型	长度
1	id	id	int(11)	11
2	torder_id	订单 id	int(11)	11
3	user_id	用户 id	int(11)	11
4	date	下单时间	datetime	13
5	goods_id	商品 id	int(11)	11
6	goods_number	商品数量	int(11)	11

订单表是由多对多关系产生的一张表,订单数据表的存在是为了记录每种订单的订单信息,其中订单 id 是主键,地址 id 是地址表的外键,用户 id 是用户表的外键。订单数据表如表 7.6 所示。

表 7.6　订单数据表(torder)

序号	字段名	注释	数据类型	长度
1	address_id	地址 id	int(11)	11
2	id	订单 id	int(11)	11
3	is_delete	是否删除	tinyint(1)	1
4	order_no	订单编号	varchar(20)	20
5	status	订单状态	int(11)	11
6	total_price	总价	double	13

用户申请成为农户后在农户表中增加对应的身份信息,其中 id 为主键,用户账号为外键,对应用户表中的用户 id。农户数据表如表 7.7 所示。

表 7.7 农户数据表(nonghu)

序号	字段名	注释	数据类型	长度
1	id	ID	int(11)	11
2	user_id	用户账号	varchar(150)	150
3	picture	认证图片	varchar(100)	100
4	no	认证编号	varchar(100)	100
5	flage	认证状态	tinyint(1)	1

商品类别表记录了每种商品可选择的类别信息,其中类别 id 是主键。商品类别表如表 7.8 所示。

表 7.8 商品类别表(category)

序号	字段名	注释	数据类型	长度
1	id	类别 id	int(11)	11
2	type_name	类别名	int(11)	11
3	type_time	创建时间	datetime	13

评论表记录了每种用户的评论信息,其中订单 id 是主键。评论信息表如表 7.9 所示。

表 7.9 评论信息表(comments)

序号	字段名	注释	数据类型	长度
1	id	订单 id	int(11)	11
2	content	评论内容	varchar(200)	200
3	comments_time	评论时间	datetime	13

用户购物车表记录了用户的购物车信息,其中 id 为主键,商品为商品表的外键。用户购物车表如表 7.10 所示。

表 7.10 用户购物车表(user_shopping)

序号	字段名	注释	数据类型	长度
1	id	id	int(11)	11
2	user_id	用户 id	int(11)	11
3	no	商品	int(11)	11
4	number	数量	int(11)	11

地址信息表记录了所有用户地址的信息,其中用户 id 是用户表的外键,地址 id 是本表的主键。地址信息表如表 7.11 所示。

表 7.11 地址信息表（address）

序号	字段名	注释	数据类型	长度
1	address_id	地址 id	int(11)	11
2	user_id	用户 id	int(11)	11
3	id	地址编号	int(11)	11
4	address	地址信息	varchar(200)	200

聊天信息表记录双方的聊天记录，其中 id 是主键，对方 id 与用户 id 是用户表中所对应的外键。聊天信息表如表 7.12 所示。

表 7.12 聊天信息表（chat）

序号	字段名	注释	数据类型	长度
1	address_id	对方 id	int(11)	11
2	user_id	用户 id	int(11)	11
3	id	id	int(11)	11
4	address	聊天内容	varchar(200)	200
5	time	发送时间	datetime	13
6	flage	是否读取	tinyint(1)	1

点评：1. 总体设计是软件开发的第二个主要阶段，它与详细设计一起都称为系统设计。系统设计一般采用自顶向下的方法进行。总体设计主要是设计系统的概貌与框架，系统的总体结构要先设计好，再设计每一个模块。这一阶段工作是在需求分析工作的基础上进行的，要合理划分整个系统的功能、安排数据的存储形式及规划系统实现的形式等。总体设计工作是详细设计工作的基础。一般来说，对于一个好的总体设计来说，进行详细设计是非常容易的事情。

2. **书写要求**。该部分通常会通过系统功能模块图阐明系统的功能结构，清晰展现子系统或不同功能模块。其次，介绍系统实体之间的关系，主要通过实体—联系图进行阐述，通过设计数据表结构说明数据存储形式。此外，一般还应该包括软件系统开发的总体配置架构。

7.6 详细设计和实现

7.6.1 用户登录界面

用户可以通过系统服务端进入系统查看所需农产品。用户登录界面由登录名、登录密码和验证码三部分组成，输入相应信息后数据库检测密码正确即可通过验证进入系统。用户登录界面展示如图 7.29 所示。账号密码与验证码信息通过前端获取对应元素信息将其封装后利用 post 请求返回给控制层进行响应。系统首先验证相应验证码信息是否匹配，匹配则利用账号获取数据库中该账号的密码进而比对，如果相同则更改登录状态。

图 7.29　用户登录图

7.6.2　用户注册界面

用户点击图 7.29 界面中显示的注册按钮后，便可以进入如图 7.30 的用户注册界面，用户按照个人情况在该界面填写用户名、手机号等详细的用户信息。界面显示的用户名、手机号、密码等字段不能为空，用户在输入以上信息时，系统会自动判断字段是否为空，若为空字段，系统将显示错误信息，若不为空且输入合法，用户注册成功。信息框所采集的信息通过前端获取对应元素信息将其封装后利用 post 请求返回给控制层进行响应。

图 7.30　用户注册界面

7.6.3　系统首页界面

用户可以使用该界面购买自己需要的商品。首页由查询模块、轮播图模块、类别展示模块、个人信息模块等组成。用户可通过首页查询需要的农产品，也可根据推荐进行选择。系统首页展示如图 7.31 所示。所展示的所有信息皆是由数据库获取对应模块信息分析得出。各信息在数据库表单之间存在依赖关系，如苹果树这类商品包含所在类别、浏览人数和发售时间等信息。

图 7.31 系统首页

7.6.4 商品信息界面

用户点击产品图片或产品名即可进入产品详情信息界面,该界面包含了所有该农产品相关的信息,用户可查看产品的详细信息,如产品名称、产品发布人、浏览人数、销售价格、发货地址、上架时间等。并且,当用户点击加入购物车按钮或收藏按钮时即可完成加购物车和收藏。用户浏览商品信息界面展示如图 7.32 所示。商品详情的获取根据点击对应商品时获取的商品 id 信息,获取指定的商品 id 进而将商品的具体信息进行返回。

图 7.32 查看商品信息界面

7.6.5 商品购买界面

当用户点击立即购买后即可进入产品订单界面,用户点击提交订单后弹出支付所需的付款二维码,待用户完成付款后即可完成订单。由于涉及支付接口,故仅是模拟,点击确认支付则认为支付完成。商品购买和支付界面如图 7.33 和图 7.34 所示。购买商品界面的实现仅模拟商品购物流程,通过商品的 id 遍历数据库查询出对应商品的信息进而输出。

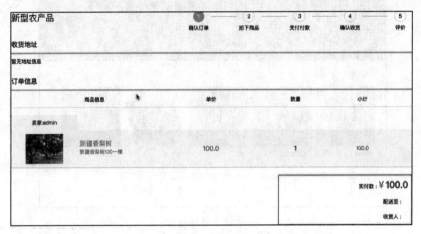

图 7.33 商品购买界面

图 7.34 支付二维码

7.6.6 个人中心界面

用户可通过个人中心界面设置自己的基础信息、修改密码和管理地址。在基本资料界面设置自己的基础资料,通过修改密码界面修改个人密码,通过我的地址界面增加或修改个人地址。对于基础信息的修改,业务流程与上述实现过程类似。本地的文本框获取指定数据,将所有信息统一封装后发送给后台进行信息修改,在修改前仍需判断信息的合法性。

个人中心相关界面如图 7.35～7.37 所示。

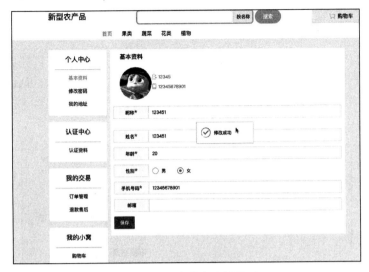

图 7.35　用户基本资料界面

图 7.36　用户修改密码界面

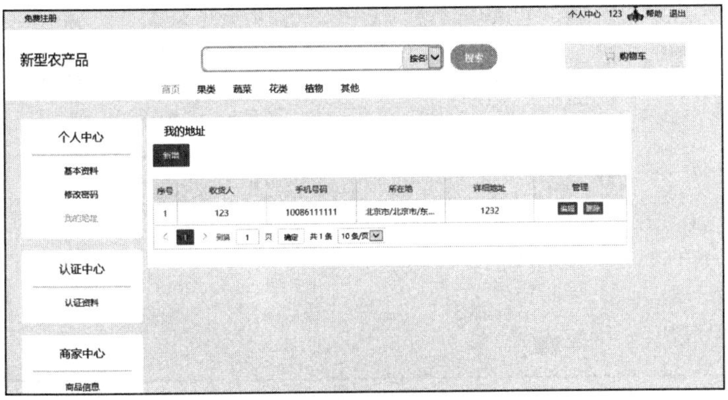

图 7.37　用户管理地址界面

7.6.7　认证中心界面

　　用户可通过认证中心界面认证自己的农户身份,上传相应资料即可完成认证。若管理员通过认证,用户即可转变为农户身份。认证中心界面如图 7.38 所示。认证文件通过图片的方式上传,然而数据库存储的数据为文本数据,所以在存储图片数据时将图片以文件形式上传。接收时将图片存储到对应路径下记录该路径即可。

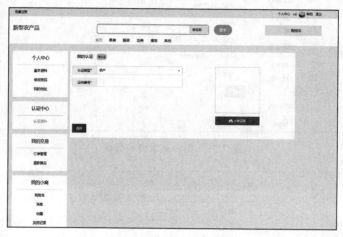

图 7.38　认证中心界面

7.6.8　我的交易界面

　　用户可通过我的交易界面对自己的订单进行管理,若未支付则可取消订单或是确认支付。若完成支付,则待收货后可点击确认收货。在退款售后界面,用户若对自己收到的产品不满意则可点击申请退款向卖家要求售后。我的交易界面如图 7.39 和7.40 所示。用户购买商品后生成订单,订单表中存储对应产品数据及产品状态,根据对应状态更新订单管理信息。

图 7.39　订单管理界面

图 7.40　退款售后界面

7.6.9　商家中心界面

　　农户可通过商家中心对自己的产品进行管理。点击商品信息即可设置、发布自己的产品或更改产品信息。在交易信息界面中可设置产品的发货,并同时显示该订单的状态。在退款界面可审核订单的退款。如图 7.41~7.43 所示。

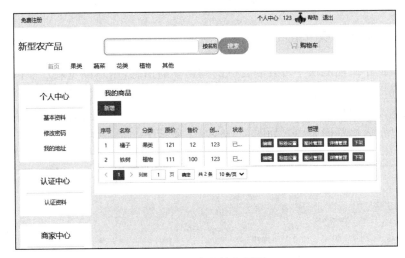

图 7.41　商品信息界面

图 7.42　交易信息界面

图 7.43　退款售后界面

7.6.10　我的小窝界面

　　用户在我的小窝功能块中可查看自己的购物车的信息,用户浏览农产品网站时看到自己喜欢的产品即可将其添加进来,方便用户购物,并且可以在消息界面查看自己与卖家聊天的信息或主动与农户联系。可在我的收藏界面里查看自己收藏的产品。用户每查看一件产品则自动加入浏览记录中。如图 7.44～7.47 所示。

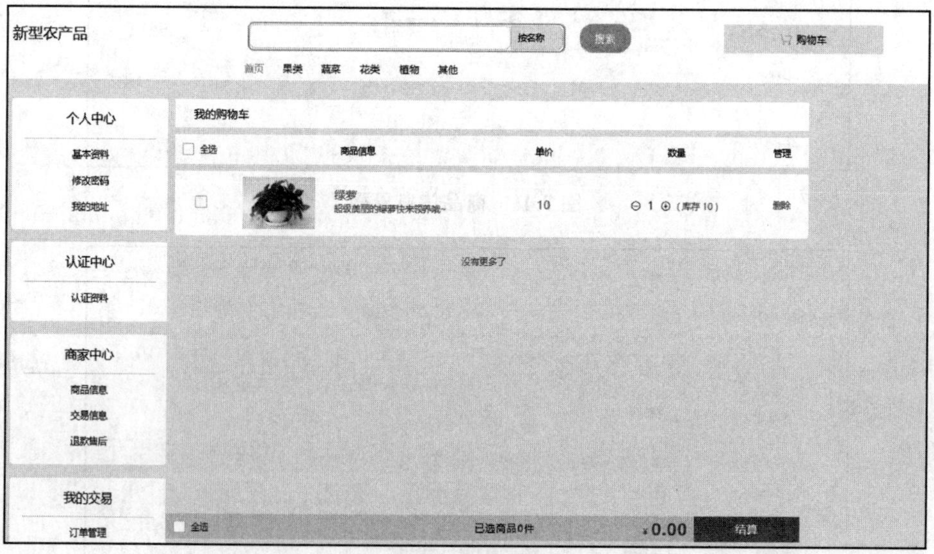

图 7.44　购物车界面

图 7.45　消息界面

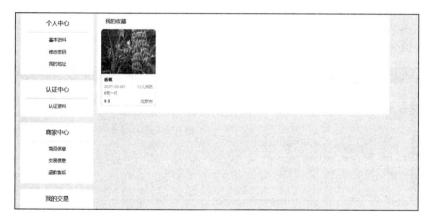

图 7.46　收藏界面

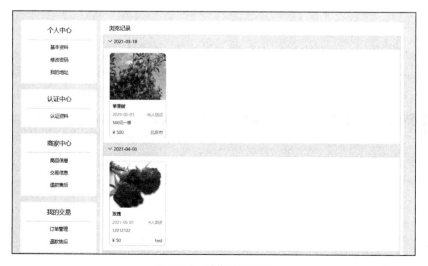

图 7.47　浏览记录界面

7.6.11 用户管理界面

当用户存在违规情况时，管理员可以对其账号进行禁用。用户管理如图 7.48 所示。

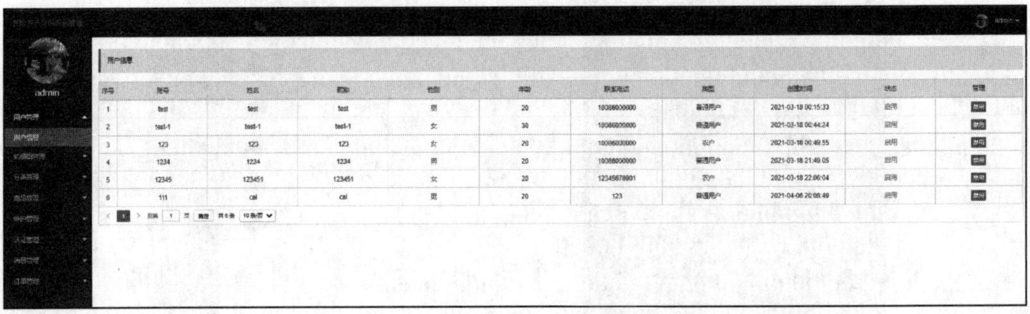

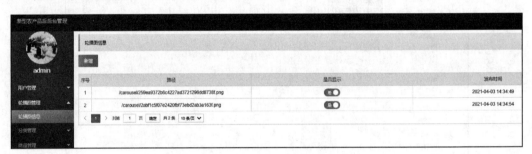

图 7.48 用户管理界面

7.6.12 轮播图管理界面

登录系统主页第一眼看到的就是轮播图界面，因此轮播图是一个很好的展示，管理员可以动态地更换轮播图图片，如图 7.49 所示。

图 7.49 轮播图管理界面

7.6.13 管理功能界面

管理员在该系统中可对农产品的分类进行管理，通过动态的方法增加或修改分类，让系统更加美观。也可以为系统设置默认的分类类别，使得系统更加简洁。具体实现如图7.50 和 7.51 所示。

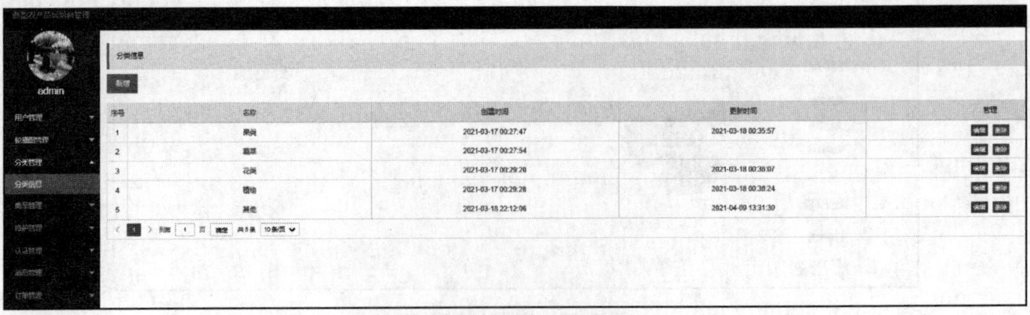

图 7.50 分类信息管理

图 7.51　加载分类管理

7.6.14　商品管理界面

管理员拥有最高的权限,可以管理所有已发售的产品,直接修改其属性。管理员也可以直接发布农产品。具体实现如图 7.52 所示。

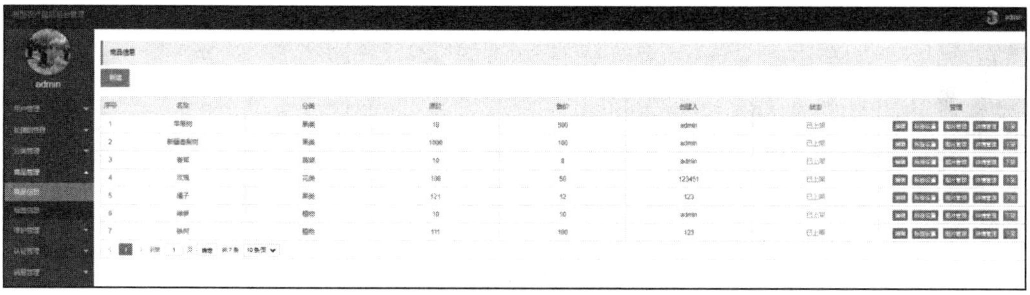

图 7.52　商品管理界面

7.6.15　认证农户界面

管理员有权限认证所有的农户信息,可以查看农户资料并进行认证。具体实现如图 7.53 所示。

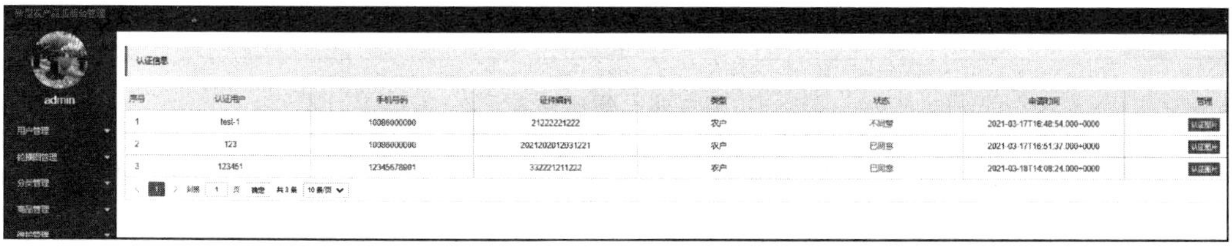

图 7.53　认证农户界面

7.6.16　订单管理界面

管理员可对订单进行管理,对所有订单的信息进行查看,而且可以查看交易的信息以及售后信息,为消费者提供良好的购物体验。具体实现如图 7.54～7.56 所示。

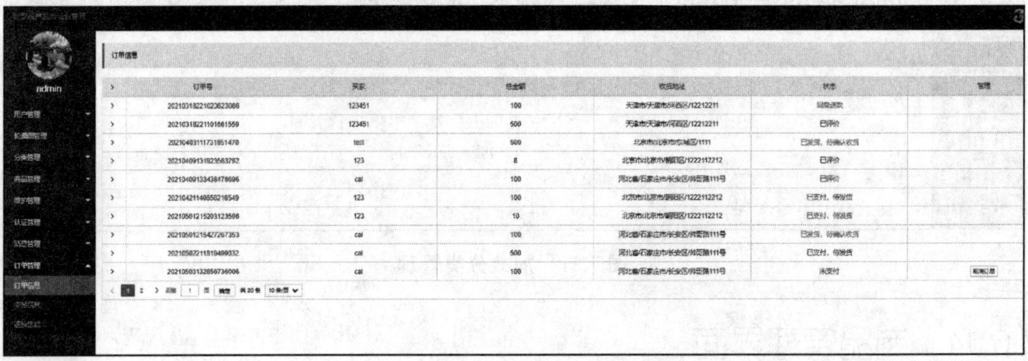

图 7.54　订单信息

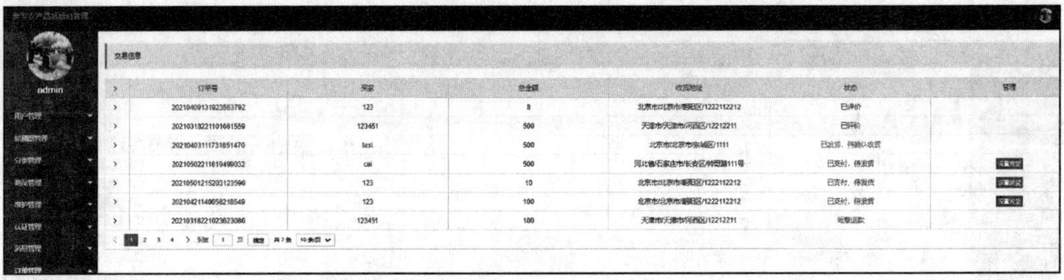

图 7.55　交易信息

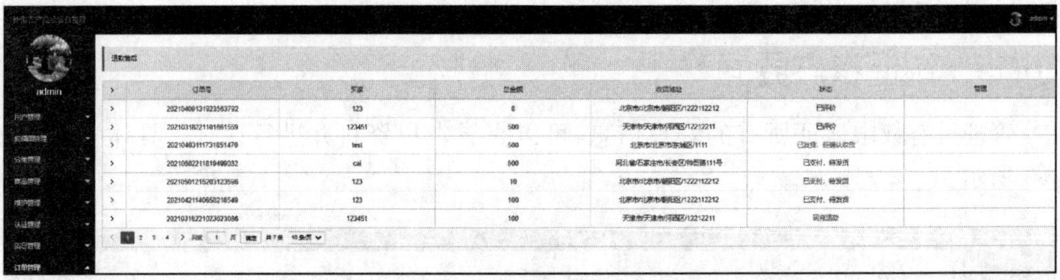

图 7.56　售后信息

点评：1. 详细设计工作是在总体设计的基础上进行的，针对系统每个功能模块，主要设计确定每个功能模块的执行过程，设计每个模块的算法等。此阶段的工作可能和系统实现有一些交集，比如界面设计、代码设计等。通常来说，详细设计是要依照概要设计的结果对每个模块进行结构化、精确化描述；但是，如果这一阶段发现某些模块划分的不是十分合理，需要回到总体设计阶段修改相关内容。

2. **写作要点**。本部分主要对模块用流程图、状态图等来刻画，说明局部变量等信息。主要描述系统实现方式，介绍模块详细功能实现需要的类和具体方法，以及主要 SQL 语句等，详细设计的最终效果是可以照此非常容易地完成程序的编写。

7.7　系统测试

7.7.1　测试目的与意义

通过将程序的结果预测与执行结果进行比较,这一个步骤称之为软件测试。对系统进行操作然后预估结果,若结果与预期不同,则程序可能存在一定的问题。开发人员在开发系统的过程中,需要在软件开发的每个阶段都严格按照程序设计规范和程序内部需要满足的结构。编码完成之后,使用设计的用例,尝试找出程序中的错误。软件开发的各个生命周期中错误都是避免不了的。因此在系统各个开发阶段结束之后,我们都需要使用相关的技术检测,解决已经存在的问题,并防止出现意料之外的问题。这些潜在或者已经存在的问题不解决,在交付使用之后出现问题,解决问题花费的成本更高,也会带来灾难性的后果。所以在开发完成之后,正式投产使用之前,设计测试用例,进行测试,尽可能多地发现编码和软件中的错误,并加以改正。

就本系统而言,在系统各功能块开发过程中,对每个功能块进行测试,以保证每个独立功能块的正确运行。待系统完成后,进行集成测试,以不同身份登录系统,进行整体的操作。系统分为三种角色:用户、农户、管理员。分角色登录系统,按需求分析中各功能块划分,进行综合测试。若系统出现错误,可以通过故障排除法进行排除。常见的故障原因大致可分为软件不兼容、非法操作、误操作、软件的参数配置不合理等情况。

7.7.2　功能测试

1. 用户功能测试

对用户功能分不同模块进行测试并输出测试数据,验证预期与实际结果是否匹配。若不匹配则需要进行后期更改。用户功能测试表如表 7.13 所示。

表 7.13　用户功能测试表

ID	用例名称	测试目的	输入描述	预期结果	实际结果
1	用户登录	验证用户名密码或验证码是否正确	不输入或输入不正确用户名密码或验证码	页面提示用户名密码或验证码不正确,不跳转	页面提示用户名密码或验证码不正确,不跳转
2	用户注册	验证是否成功注册	输入正确个人信息和非法个人信息	用户成功注册,违法信息不注册	用户成功注册,违法信息不注册
3	购买商品	验证能否成功购买商品	点击购买商品	成功购买商品并生成订单	成功购买商品并生成订单
4	管理个人中心	验证是否成功设置个人信息	修改个人信息	成功修改个人信息,违法信息更改失败	成功修改个人信息,违法信息更改失败
5	提交身份验证	验证能否成功提交个人信息	输入正确或不正确身份信息	成功修改身份,违法信息不成功	成功修改身份,违法信息不成功

续　表

ID	用例名称	测试目的	输入描述	预期结果	实际结果
6	交易管理	验证能否成功售后退款	点击退款	成功退款	成功退款
7	我的购物车	验证能否成功添加购物车	将商品加入购物车	成功加入购物车并确认数量	成功加入购物车并确认数量
8	我的收藏	验证能否成功加入收藏	将商品加入收藏	成功加入收藏	成功加入收藏

2. 管理员功能测试

对管理员功能分不同模块进行测试并输出测试数据，验证预期与实际结果是否匹配。若不匹配则需要进行更改。管理员功能测试表如表 7.14 所示。

表 7.14　管理员功能测试表

ID	用例名称	测试目的	输入描述	预期结果	实际结果
1	管理员登录	验证用户名密码或验证码是否正确	不输入或输入不正确用户名密码或验证码	页面提示用户名密码或验证码不正确，不跳转	页面提示用户名密码或验证码不正确，不跳转
2	禁用用户	验证是否成功禁用用户	禁用用户查看用户能否再次登录	用户禁用成功，用户无法登录	用户禁用成功，用户无法登录
3	新增轮播图	验证是否成功添加轮播图	新增轮播图	新增轮播图成功，轮播图更改	新增轮播图成功，轮播图更改
4	新增分类	验证是否成功添加分类	添加新分类	添加分类成功	添加分类成功
5	修改商品	验证能否成功修改商品	输入更改的商品信息	更改信息成功	更改信息成功
6	设置分类	验证能否设置分类排版	设置新的分类展示	设置新分类成功，首页排版变化	设置新分类成功，首页排版变化
7	通过认证	验证能否认证农户	同意用户身份验证信息	同意身份认证成功，用户信息更改	同意身份认证成功，用户信息更改
8	通过退款	验证能否完成退款	同意用户退款	同意退款成功	同意退款成功

7.7.3　测试结果

通过全面的系统测试后，所有的功能都能如预期完成，整个系统功能运行正常无错误。这对软件的使用体验有着至关重要的作用，若各功能不能按照预期执行则不能视为一个可使用的系统。但这仅是系统运行的准备阶段，投入使用后仍需进行后续的维护工作，但一个完整的测试是保障系统品质的关键一步。

软件测试在系统的生命周期中必不可缺。只有通过测试，验证功能的结果与预期的相同才能进行后续的使用。通过关键测试可以用最少的时间解决后续可能引发的很多问题，也方便了后期的维护工作。不进行测试只是一味地拖延对系统的发展很不利。

经过上述的测试分析，系统在需求分析期间所设计的功能完全实现并且运行良好，可以给用户带来很好的体验感。

点评：1. 软件测试主要是为了发现软件存在的问题；通常是针对一定的条件，查看系统是否能满足给定的需求，评估软件的质量。按开发的阶段来分，软件测试一般分为单元测试、集成测试、系统测试、验收测试。单元测试针对软件基本单元的功能进行测试。集成测试针对系统接口和模块集成后功能的测试，主要测试接口正确与否。系统测试是对软件系统总体功能的测试，其中也包括需要的运行环境。验收测试主要向客户展示系统功能，以确定开发出来的软件是否满足客户需求。按是否查看代码可分为黑盒测试、白盒测试与灰盒测试。在黑盒测试中不需要知道具体的代码形式，只关注系统的输入与输出，属于功能性测试。白盒测试是需要研究源程序的，同时也关心软件的运行结果，属于结构性测试。灰盒测试是介于白盒测试和黑盒测试之间的一种测试。

人们越来越重视软件测试的地位，不再把软件测试看作是一项编码完成之后为确认程序是否完全有效而进行的活动，而认为测试应贯穿于软件开发和维护的整个生命周期，由一系列测试相关的活动构成。具体来说，在软件需求阶段的早期就应该开始考虑制定软件测试计划；在软件开发过程中，软件测试活动需要系统且连续地实施，其间伴随着对测试计划和测试过程的不断细化。与此同时，这些测试计划和测试设计又为软件设计师提供参考，帮助他们发现潜在的问题。

2. **写作提示**。本部分通常是通过综合运用白盒测试和黑盒测试方法，进行系统测试。检测系统功能是否完善、界面与否美观等。同时可能还对系统的可靠性、性能与兼容性等进行测试。

【微信扫码】
相关资源

附 录

附录 A　学校本科生创新学分认定办法

为增强学生的创新意识,提高学生的实践动手能力、创新能力,鼓励学生积极参加课外科技活动,促进学生个性化发展,增强学生在人才市场上的竞争能力。经学校研究决定,在本科生中实行创新学分制度,并制定本管理办法。

第一条　创新学分的认定范围

创新学分是指全日制本科生在校期间根据自己的特长和爱好,从事第一课堂以外的科技和实践活动而取得具有一定创新意义的成果,经学校认定后被授予的学分。

授予创新学分的成果范围主要包括:① 学术论文类、② 科研项目类、③ 发明创造类、④ 学科竞赛类、⑤ 社会实践类、⑥ 专业技能类。

第二条　创新学分的认定标准

1. 学术论文类

学术论文类创新学分认定标准

项目	发表作品类别		创新学分
学术论文	被 SCI　SSCI　EI 收录	第一作者	10
	核心刊物	第一作者	5
	公开出版的学术刊物	第一作者	2

注:排名第二、第三的作者以第一作者为基准,依次乘以系数 0.5、0.2 记学分。文艺作品视同学术论文。

2. 科研项目类

参加省级、市级及校级大学生科学研究及大学生创新实践项目的学生完成科研训练全过程,结题后可获得相应创新学分。

大学生科学研究及创新实践项目创新学分认定标准

项目类别	项目成员	创新学分
（省级）完成立项申报、实验研究、结题等全过程并项目结题通过验收	项目负责人	3
	其他参与者	2
（市级）完成立项申报、实验研究、结题等全过程并项目结题通过验收	项目负责人	2
	其他参与者	1
（校级）完成立项申报、实验研究、结题等全过程并项目结题通过验收	项目负责人	2
	其他参与者	1
注：企业资助的项目经批准可相当于校级项目。		

3. 发明创造类

包括各类发明、实用新型专利等，专利获准以缴证书费的收录通知书或专利证书为准。

发明创造类创新学分认定标准

项目	专利类型		创新学分
专利	发明专利	第一专利人	8
	实用新型	第一专利人	6
	外观设计	第一专利人	4
注：第二专利人以下创新学分计算以第一专利人得分为基准，依次乘以系数 0.8、0.6、0.4、0.2 记学分。			

4. 学科竞赛类

包括国家级、省部级等经过学校认定的各类竞赛，如数学建模竞赛、电子设计竞赛、计算机仿真大赛、国家大学生程序设计竞赛（ACM/ICPC）、机器人大赛、广告设计大赛、挑战杯赛等经过学校认定的学科竞赛。

学科竞赛类创新学分认定标准

项目	级别	获奖等级或排名	创新学分	
			主要负责人	主要参与人
学科竞赛	国家级	一等奖	6	3
		二等奖	4	2
		三等奖	2	1
	省部级	一等奖	4	2
		二等奖	3	1.5
		三等奖	1	0.5
	市级或校级	一等奖	1	0.5
说明：对于设特等奖的奖项，特等奖、一等奖、二等奖所得学分分别对应以上表格中的一等奖、二等奖、三等奖得分。				

5. 社会实践类

包括国家级、省部级、校级等经过学校认定的社会实践获奖项目。

社会实践类创新学分认定标准

项目	级别	获奖等级	创新学分
社会实践	国家级	一等奖	5
		二等奖	4
		三等奖	3
	省部级	一等奖	2
		二等奖	1
	校级	一等奖	1
注:社会实践集体奖未公布获奖学生名单不能申报创新学分。			

6. 专业技能类

包括经学校认定的各类等级考试证书、职业资格证书、专业技术资格证书获得者创新学分的认定。

专业技能类创新学分的认定标准

项目	证书级别	创新学分
英语(含日语)	非英语专业学生大学英语六级考试成绩达到 570 分以上者	2
计算机	非计算机专业学生通过全国或省级计算机考试三级者	1
	非计算机专业学生通过全国计算机等级考试四级者	2
	参加国际 IT 认证获得证书者	2
国家职业资格技能鉴定	获高级证书者	3
	获中级证书者	2
全国专业技术资格(水平)考试	获高级证书者	3
	获中级证书者	2

第三条　创新学分的认定程序

1. 同一成果累次获奖,以最高获项计算一次,不累计奖励创新学分。

2. 以下六种情况不能取得创新学分:

(1) 第一作者(负责人)单位非宿迁学院的作品、成果或奖励项目;

(2) 非大学在读期间完成的作品、获得的成果或奖励;

(3) 在非公开出版的报纸杂志或各类杂志增刊上发表的文章或作品;

(4) 证明材料不全的;

(5) 获得纪念奖或入围奖的;

(6) 论文或其他各类作品有录用通知书,但未正式发表的。

3.学校于每学期的第二、第三教学周受理创新学分的申报工作,由学生本人填写创新学分申请表,所在系(部)确认同意后,由系(部)统一将材料上报教务处实践教学科,由教务处进行审批后,在网上公示一周,无异议后将获得的创新学分记入成绩档案。

4.如遇特殊情况或对创新学分的认定有争议时,由教务处组织专家复审,此认定为最终认定。

第四条 创新学分的记载与用途

1.学生取得的创新学分记入学生本人成绩档案,课程类别为"创新学分",学分大于或等于4分者,成绩记为"优秀",学分小于4分者,成绩记为"良好",无学分者不予记载。

2.学生取得的创新学分可以顶替教学计划中的公共选修课,可以累计,但一般顶替学分不超过6个,超出部分予以记载,但不能顶替课程学分。

3.学生取得的创新学分大于或等于6分者,学校将授予"宿迁学院优秀创新学生"称号及相应的物质奖励。

4.对于获得创新学分的学生在三好生评选、奖金评定时,在同等条件下优先考虑。

5.对弄虚作假者,取消该创新学分,并根据《宿迁学院学生违纪处分规定》给予相应的纪律处分。

第五条 创新学分的经费保障

学校每年拨专款作为创新学分工作的经费保障。经费主要用于指导教师的指导费、组织参赛费用、大学生实践创新项目经费,学生购买竞赛用低值耗材及资料费、印刷费、补助发表论文版面费及专利申请费、评审费等。

第六条 附则

1.本办法自颁布之日起开始执行;

2.本办法解释权归教务处。

附件 B　学院学生专业创新学分认定办法

为提高学生专业素养、增强学生的专业创新意识,提高学生的实践动手能力、创新能力,鼓励学生积极参加相关专业课外科技活动,促进学生专业成长,增强学生在人才市场上的竞争能力。经院研究决定,在我院学生中实行专业创新学分制度,并制定本管理办法。

第一条　专业创新学分的认定范围

专业创新学分是指我院学生在校期间根据自己的特长和爱好,从事第一课堂以外的科技和实践活动或取得的与专业相关的且具有一定创新意义的成果,经学院认定后被授予的学分。

授予专业创新学分的成果范围主要包括:

1. 国家级、省级、校级、院级等各级大学生实践创新项目;

2. 信息工程学院组织的校内外各类竞赛和学校组织的数学类学科技能竞赛;

3. 获得专业技能证书;

4. 发表学术论文;

5. 获得专利、软件著作权等知识产权;

6. 设计开发出与学科专业相关的产品(含软件),并实际投入使用产生一定经济、社会效益;

7. 参加小微学习型组织并积极参与活动;

8. 完成开放实验项目;

9. 参加校内学术报告。

第二条　专业创新学分的认定标准

1. 实践创新训练项目

参加国家、省级、市级及校级大学生实践创新训练项目的学生完成项目训练全过程,结题后申报校级创新学分,学校审核通过后同时获得相应分值的专业创新学分。

参加院级大学生实践创新训练项目的学生完成项目训练全过程,结题后学院直接登记其专业创新学分,认定标准如表1。

表 1　院级大学生实践创新训练项目创新学分认定标准

项目类别	项目成员	专业创新学分	备注
(院级)完成立项申报、实验研究、结题等全过程,项目通过结题验收	项目负责人	2	不需申报
	其他参与者	1	

注:企业资助的项目经学院批准可相当于院级项目。

2. 学科竞赛

学科竞赛是指信息工程学院组织的校内外各类学科竞赛以及学校组织的数学类学科

技能竞赛；具体包括：计算机设计大赛、电子设计大赛、智能小车竞赛、挑战杯、蓝桥杯程序设计大赛、创新创业大赛等，学生申报校级创新学分，学校审核通过后同时获得相应分值的专业创新学分。

3. 专业技能证书

专业技能证书是指江苏省、全国计算机等级考试，计算机技术与软件专业技术资格（水平）考试，华为、ORACLE、思科、ARM 等公司行业论证，电子设计工程师 EDP 认证以及见习材料热处理工程师等。

（1）非计算机专业学生通过计算机等级考试三、四级以及通过软考中、高级等属于学校创新学分认定范畴的，学生申报校级创新学分，学校审核通过后获得相应分值的专业创新学分。

（2）获得其他专业技能证书的认定标准如表 2，其中通过计算机等级考试和见习材料热处理工程师由学院直接登记其专业创新学分，其余项目由学生申报专业创新学分。

表 2　专业技能证书专业创新学分的认定标准

项目	证书级别	专业创新学分	备注
计算机等级考试	信息类专业通过全国或江苏省计算机等级考试二级（C、C++或 Java）；材料类专业通过全国或江苏省计算机等级考试二级。	1	不需申报
计算机等级考试	计算机专业学生通过全国或省级计算机考试三级者	1	不需申报
	计算机专业学生通过全国计算机等级考试四级者	2	
计算机技术与软件专业技术资格（水平）考试	获初级证书者	1	学生申报
华为、ORACLE、思科、ARM 等公司行业论证	高级	3	学生申报
	中级	2	
	初级	1	
电子设计工程师 EDP 认证	高级	3	学生申报
	中级	2	
	初级	1	
见习材料热处理工程师		1	不需申报
其他项目			学生提供证明材料

4. 学术论文

学生发表学术论文，申报校级创新学分，学校审核通过后同时获得相应分值的专业创新学分。

5. 知识产权

知识产权包括与学科专业相关的发明专利、实用新型专业以及软件著作权;其中学生获得发明专利、实用新型专利授权,申报校级创新学分,学校审核通过后同时获得相应分值的专业创新学分;软件著作权认定标准如表 3。

表 3 知识产权专业创新学分认定标准

项目	类型	创新学分	备注
软件著作权	第一专利人	4	学生申报

注:第二专利人以下创新学分计算以第一专利人得分为基准,依次乘以系数 0.8、0.6、0.4、0.2 记学分。

6. 设计开发产品(含软件)

以学生为主设计开发出与学科专业相关的产品(含软件),并实际投入使用产生一定经济、社会效益;视实际产品给予认定专业创新学分 1～3 分。

7. 小微学习型组织

小微学习型组织是指信息工程学院重点建设的小微学习型组织,参加小微学习型组织并积极参与活动,达到一定的时间和训练量,表现良好,经小微学习组织负责老师认定给予专业创新学分 0.5～1.5 分(每位学生最多获得 1 次,该项不需学生申报)。

8. 开放实验项目

积极参加并顺利完成信息工程学院开设的开放实验项目,提交实验报告,经教师评阅合格后给予专业创新学分 0.3 分/实验项目(每位学生最多获得此项专业创新学分 1 分,该项不需学生申报)。

9. 参加校内学术报告

积极参加校内学术报告,全程参与且认真聆听报告遵守秩序,经学院确认后给予专业创新学分 0.2 分/场(每位学生最多获得此项专业创新学分 1 分,该项不需学生申报)。

第三条 专业创新学分的认定程序

1. 属于学校认定的项目,学生不用再次申报,学院不再认定,以学校认定结果为准。

2. 同一成果累次获奖,以最高获项计算一次,不累计专业创新学分。

3. 以下六种情况不能取得创新学分:

(1) 第一作者(负责人)单位非宿迁学院的作品、成果或奖励项目;

(2) 非大学在读期间完成的作品、获得的成果或奖励;

(3) 在非公开出版的报纸杂志或各类杂志增刊上发表的文章或作品;

(4) 证明材料不全的;

(5) 获得纪念奖或入围奖的;

(6) 论文或其他各类作品有录用通知书,但未正式发表的。

4. 学院于每学期的第二、第三教学周受理创新学分的申报工作,由学生本人填写创新学分申请表,学生对应辅导员确认同意后,由辅导员统一将材料报学院教务办公室,由教务办审批后,在网上公示一周,无异议后将获得的专业创新学分记入成绩档案。

5. 如遇特殊情况或对创新学分的认定有争议时,由信息工程学院组织专家复审,此认定为最终认定。

第四条 创新学分的记载与用途

1. 学生取得的专业创新学分记入学生本人成绩档案,课程类别为"专业创新学分",学分大于或等于 10 分者,成绩记为"优秀";学分 7—10 分,成绩记为"良好";学分 5—7 分,成绩记为"合格";学分低于 5 分者,成绩记为"不合格"。

2. 学生取得的专业创新学分大于或等于 10 分者,将授予"信息工程学院创新标兵"称号。

3. 对弄虚作假者,取消该创新学分,并根据《宿迁学院学生违纪处分规定》给予相应的纪律处分。

第五条 附则

1. 本办法自颁布之日起开始执行;

2. 本办法解释权归信息工程学院教务办公室。

附件 C　学校本科生毕业设计(论文)写作规范

为了规范我校本科生毕业设计(论文)的管理,保证毕业设计(论文)质量,特制定本写作规范。

一、论文印装

毕业设计(论文)要用我校统一的格式,用 A4 纸单面打印。版面页边距上、下、左、右各 2 cm;装订线位置为左,0.5 cm;页码用宋体小五号字放在页脚居中,样式为"第 X 页",页脚距边界 1.75 cm。

二、毕业设计(论文)结构要求

毕业设计(论文)一般由以下部分组成:封面、论文原创性声明和版权使用授权书、中文摘要、英文摘要、关键词、目录、绪论、正文、结论、参考文献、附录、在学期间成果、致谢等。

毕业设计(论文)编写规则参照 GB7714 要求执行。

(一)前置部分

1. 封面:

宿迁学院统一封面,封面包括毕业设计(论文)中英文题目、学生姓名、学号、所在学院、所学专业、指导教师姓名、职称、起止日期、设计(论文)地点等内容,全称填写。

毕业设计(论文)题目应该用简短、明确的文字编写,通过标题把毕业设计(论文)的内容、专业特点概括出来。题目字数要适当,一般不超过 25 个字。如果有些细节必须放进标题,为避免冗长,可以设副标题,把细节放在副标题里,题名和副题名在整篇论文中的不同地方出现时,应保持一致。

2. 目录:

目录是毕业设计(论文)的篇章名目,要按顺序写清楚毕业设计(论文)构成部分和章、节的名称。目录按三级标题编写,要求层次清晰,且要与正文标题一致。不论几级标题都不能单独置于页面的最后一行,即标题排版中不能出现孤行。目录主要包括绪论、正文主体、结论、主要参考文献、附录、在学期间成果、致谢等。

3. 摘要:

摘要是论文的内容不加注释和评论的简短陈述。摘要应具有独立性和自含性,即不阅读论文的全文,就能获得必要的信息。摘要中有数据、有结论,是一篇完整的短文,可以独立使用。摘要应说明研究工作目的、方法、结果和最终结论等,重点是结果和结论。中文摘要一般在 300 个字左右;外文摘要不少于 250 个左右实词。如遇特殊需要,字数可略多。摘要中一般不用图、表、化学结构式和非公知公用的符号和术语。中文摘要在前,英文摘要在后。

4. 关键词:

关键词是为了文献标引工作从论文中选取出来的以表示全文主题内容信息的单词或术语。每篇论文选取 3—5 个词作为关键词,以显著的字符另起一行,排在摘要的左下方。

尽量用《汉语主题词表》等词表提供的规范词。

（二）主体部分

1. 绪论：

简要说明研究工作的目的、范围、相关领域的前人工作和知识空白、理论基础和分析、研究设想、研究方法和实验设计、预期结果和意义等。

2. 正文：

正文是作者对研究工作的详细表述。其内容包括：问题的提出，基本观点，解决问题的基本方法，必要的数据和图表，以及通过研究得出的结果与对结果的讨论等。

（1）文中所用的符号、缩略词、制图规范和计量单位，必须遵照国家规定的标准或本学科通用标准。作者自己拟订的符号、记号缩略词，均应在第一次出现时加以说明。

（2）图：毕业设计（论文）中的图包括曲线图、构造图、示意图、框图、流程图、记录图、地图、照片等。图序可以连续编序（如：图 1），也可以逐章单独编序（如：图 2.4），图序必须连续，不得重复或跳跃。由若干个分图组成的插图，分图用 a，b，c，……标出。图序和图题置于图下方中间位置。

（3）表：论文的表格可以统一编序（如：表 1），也可以逐章单独编序（如：表 2.1），所有表格应编排序号，序号一律用阿拉伯数字分别依序连续编排。如某个表需要转页接排，在随后的各页上应重复表的编号，编号后跟表题（可省略）和"续"置于表上方，续表均应重复表头。

每一表应有简短确切的题名，连同表号置于表上方中间位置。必要时，应将表中的符号、标记、代码以及需要说明事项，以最简练的文字，横排于表题下，作为表注，也可以附注于表下。表内同一栏的数字必须上下对齐。表内不能用"同上""同左"和类似词，一律填入具体的数字或文字，在同一篇论文中位置应一致。

（4）公式：毕业设计（论文）中的公式、算式或方程式等一律用阿拉伯数字分别依序连续编排，并将编号置于括号内（如：(28)），公式的编号右端对齐，公式较多时，可分章编号（如：(3.6)）。如正文书写分数，应尽量将其高度降低为一行，如将分数线书写为"/"，将根号改为负指数。

（5）计量单位：毕业设计（论文）中的量和单位以国际单位制（SI）为基础，必须符合中华人民共和国的国家标准 GB3100～GB3102—93。非物理量的单位，如件、台、人、元等，可用汉字与符号构成组合形式的单位，例如件/台、元/km。

（6）标题层次：毕业设计（论文）的全部标题层次应统一，有条不紊，整齐清晰，相同的层次应采用统一的表示体例，正文中各级标题下的内容应与各自的标题对应，不应有与标题无关的内容。通行的题序层次格式如下：

文法经济类论文		理工类论文	
章	一、……	章	1.……
节	（一）……	节	1.1……
条	1.……	条	1.1.1……
款	（1）……		

撰写毕业设计(论文),按论文分类选其中的一种格式,但所采用的格式必须符合上表规定并前后统一,不得混杂使用。

3. 结论:

结束语包含对整个研究工作进行归纳和综合而得到的结论,以及对问题的进一步探讨的设想与建议,应以简练的文字加以说明,一般不超过两页。

4. 参考文献:

参考文献是毕业论文不可缺少的组成部分,它反映毕业论文的取材来源、材料的广博程度和材料的可靠程度,也是作者对他人知识成果的承认和尊重。一份完整的参考文献是向读者提供的一份有价值的信息资料,参考文献的著录应符合国家标准 GB/T7714—2015《文后参考文献著录规则》,其中,主要责任者、书名、版本、出版地、出版者、出版年为必须著录项目,其他为选择项目。

参考文献不少于 15 篇,其中至少有 1 篇外文。

参考文献的著录,按论文引用顺序排列,类型标志见下表:

文献类型	普通图书	会议录	汇编	报纸	期刊	学位论文	报告	标准	专利	数据库	计算机程序	电子公告	档案	舆图	数据集	其他
标志代码	M	C	G	N	J	D	R	S	P	DB	CP	EB	A	CM	DS	Z

参考文献的格式如下:

(1) 普通图书

[1] 张伯伟.全唐五代师格会考[M].南京:江苏古籍出版社,2002:288.

(2) 论文集、会议录

[2] 雷光春.综合湿地管理:综合湿地管理国际研讨会论文集[C].北京.海洋出版社,2012.

(3) 报告

[3] 汤万金,杨跃翔,刘文,等.人体安全重要技术标准研制最终报告:7178999X-2006BAK04A10/10.2013[R/OL].(2013-09-30)[2014-06-24].http://www.nstrs.org.cn/xiangxiBG.aspx? Id=41707

(三) 附录

另起一页。附录的有无根据毕业设计(论文)的情况而定。附录作为论文主体的补充项目,可包括某些重要的原始数据、数学推导、结构图、统计表、计算机打印输出件等。

附录的序号编排按附录 A、附录 B... 编排,附录(以附录 B 为例)内的顺序可按 B2,B2.1,B2.1.1,B2.1.2 的规律编排。图表按:图 B1,图 B2,表 B1,表 B2 的规律编排。附录与正文装订在一起,连续编页码。

(四) 在学期间成果

在学期间取得的成果如:发表的论文、专利、参加学科竞赛获奖、主持或参与的创新创业项目等。

（五）致谢

通常以简短的文字，对在课题研究与论文撰写过程中直接给予帮助的指导教师、答疑教师和其他人员表示谢意。

三、毕业设计（论文）的写作编排细则（见附件）

（一）封面页：采用教务处规定的统一格式

中文论文题目、学生姓名、所在学院等内容采用三号宋体；英文论文题目、数字采用三号 Time New Roman 字体。

（二）中英文摘要和关键词：（单独成页）

"摘要"二字之间空 2 格，采用三号黑体，居中；英文 Abstract 采用三号 Times New Roman 字体，居中；摘要二字后空 1 行，中文摘要内容采用小四号宋体，1.5 倍行距。英文摘要内容采用小四号 Times New Roman 字体。

摘要内容下空 1 行打印关键词，"关键词"三字采用小四号宋体、加粗，其后为关键词内容，用小四号宋体，中文关键词之间用 2 个空格符隔开。英文关键词采用小四号 Times New Roman 字体，英文关键词之间用分号隔开。

（三）目录页：（单独成页）

"目录"二字用三号字、黑体、居中书写，"目"与"录"之间空 2 格，段前段后间距为 1 行；一级目录用四号黑体、二级目录用小四号宋体缩进 2 格；页码放在右侧顶格对齐，目录内容和页码之间用虚线连接。

（四）绪论：标题采用三号黑体字，段前、段后空 1 行，内容采用小四号宋体，1.5 倍行距。

（五）正文：正文采用小四号宋体，首行缩进 2 字符，两端对齐，1.5 倍行距。

（六）标题：

每章标题采用三号黑体字；段后空 1 行为"节"，采用四号宋体字，加粗，段前、段后空 1 行；"节"下空 1 行为"条"，采用小四号宋体字，加粗，左侧顶格对齐，1.5 倍行距。

（七）文中图、表应有自明性。图、表名应附相应的英文和必要的中文图注。制图要求：半栏图宽≤7 cm，通栏图宽≤16 cm；图中曲线粗细应相当于 5 号宋体字的竖画，坐标线的粗细相当于 5 号宋体字的横画；图中文字、符号、纵横坐标标目用小五号字；标目采用国家标准的物理量（英文斜体）和单位符号（英文正体）的比表示，如 c/molL-1。表格采用"三横线表"，表的内容切忌与图和文字的内容重复。

（八）公式：公式书写应在文中另起一行，居中书写。公式的编号加圆括号，放在公式右边顶格对齐，公式和编号之间不加虚线。公式后应注明编号，该编号按顺序编排。

（九）结论：（单独成页）

"结论"二字采用三号黑体字，段前段后空 1 行并居中，结论内容为小四号宋体字，两端对齐，1.5 倍行距。

（十）参考文献：（单独成页）

参考文献一律放在文后，参考文献的书写格式按国家标准 GB/T7714—2015 规定。参考文献按文中出现的先后统一用阿拉伯数字顺序编号，序码用方括号括起。

"参考文献："采用三号黑体字，加粗，居中，段前、段后空 1 行；序号左顶格，用阿拉伯数字加方括号标示，五号宋体加粗，与文字之间空 1 格，中文内容用五号宋体字，外文内容用五号 Times New Roman 字体。两端对齐,1.5 倍行距。

(11) 在学期间成果:(单独成页)

一级标题,采用三号黑体字、加粗、居中。二级标题,采用四号黑体字、加粗、左侧顶格对齐。正文采用小四号宋体,首行缩进 2 字符,两端对齐,1.5 倍行距。

(12) 致谢:(单独成页)

"致谢"二字中间空 2 格、三号黑体字、加粗、居中。内容限 1 页,正文采用小四号宋体,首行缩进 2 字符,两端对齐,1.5 倍行距。

四、其他要求:

(一) 全文内各章、各节的标题及段落格式(含顶格或缩进)要一致;

(二) 全文内各章的体例要一致,例如,各章(节、目)是否有"导语";

(三) 时间表示:使用"2006 年 6 月",不能使用"06 年 6 月"或"2006.6";

(四) 标题编号:要符合一般的学术规范,一般不能使用"半括号","(一)"、或"(一、)"等不规范用法,标题结束处不能有标点符号;

(五) 全文错别字或不规范之处不能超过万分之二。

附录 D　毕业设计作品核心代码

AdminViewController 子项代码：

```java
package edu.agriculture.products.controller; //管理员视图控制器
import java.util.List;
import javax.servlet.http.HttpServletRequest;
import org.springframework.beans.factory.annotation.Autowired;
import org.springframework.stereotype.Controller;
import org.springframework.web.bind.annotation.GetMapping;
import edu.agriculture.products.pojo.ProductImage;
import edu.agriculture.products.service.ProductImageService;
@Controller
public class AdminViewController {
    @Autowired //进行自动装配
    private ProductImageService productImageService;
    @GetMapping("admin/login")
    public String login() {
        return "admin/login"; //返回路由
    }
    @GetMapping("admin/category")
    public String category() {
        return "admin/category";
    }
    @GetMapping("admin/product")
    public String product() {
        return "admin/product";
    }
    @GetMapping("admin/orders")
    public String orders() {
        return "admin/orders";
    }
    @GetMapping("admin/refund")
    public String refund() {
        return "admin/refund";
    }
    @GetMapping("admin/user")
    public String user() {
        return "admin/user";
    }
```

```java
@GetMapping("admin /trade")
public String trade() {
    return "admin /trade";
}
@GetMapping("admin /label")
public String label() {
    return "admin /label";
}
@GetMapping("admin /productDetail")
public String productDetail(Integer id, HttpServletRequest request) {
    request. setAttribute("productId", id);
            return "admin /product_detail";
}
@GetMapping("admin /categoryConfig")
public String categoryConfig(Integer id, HttpServletRequest request) {
    return "admin /category_config";
}
@GetMapping("admin /auth")
public String auth() {
    return "admin /auth";
}
@GetMapping("admin /message")
public String message() {
    return "admin /message";
}
@GetMapping(value = {"admin /index", "admin"})
public String index() {
    return "admin /index";
}
@GetMapping("admin /productImage")
public String productImage(Integer id, HttpServletRequest request) {
    request. setAttribute("productId", id);
    List< ProductImage > productImages = productImageService. getProductImagesByProductId
(id);
    request. setAttribute("productImages", productImages);
    return "admin /product_image";
}
}
```

BrowseRecordController 子项代码

```java
package edu. agriculture. products. controller;
import java. util. List;
import org. springframework. beans. factory. annotation. Autowired;
import org. springframework. web. bind. annotation. GetMapping;
```

```java
import org.springframework.web.bind.annotation.RequestMapping;
import org.springframework.web.bind.annotation.RestController;
import edu.agriculture.products.pojo.BrowseRecordVo;
import edu.agriculture.products.pojo.Result;
import edu.agriculture.products.service.BrowseRecordService;
@RestController
@RequestMapping("edu/browse/record") //获取路由
public class BrowseRecordController {
    @Autowired //进行自动装配
    private BrowseRecordService browseRecordService;
    @GetMapping("list")
    public Result<List<BrowseRecordVo>> list(){ //返回浏览记录
        Result<List<BrowseRecordVo>> result = new Result<List<BrowseRecordVo>>();
        List<BrowseRecordVo> browseRecords = browseRecordService.getBrowseRecords();
        result.setCode(200);
        result.setData(browseRecords);
        return result;
    }
}
```

CarouselController 子项代码

```java
package edu.agriculture.products.controller;
import java.io.File;
import java.io.IOException;
import java.util.Map;
import org.springframework.beans.factory.annotation.Autowired;
import org.springframework.web.bind.annotation.GetMapping;
import org.springframework.web.bind.annotation.PathVariable;
import org.springframework.web.bind.annotation.PostMapping;
import org.springframework.web.bind.annotation.RequestBody;
import org.springframework.web.bind.annotation.RequestMapping;
import org.springframework.web.bind.annotation.RestController;
import org.springframework.web.multipart.MultipartFile;
import edu.agriculture.products.pojo.Carousel;
import edu.agriculture.products.pojo.Result;
import edu.agriculture.products.service.CarouselService;
import edu.agriculture.products.util.FileUploadUtils;
import edu.agriculture.products.util.UploadPathUtils;
@RestController
@RequestMapping("edu/carousel")
public class CarouselController {
    @Autowired
    private CarouselService carouselService;
    @PostMapping("add")
```

```
    public Result < Integer > add(MultipartFile file) throws IllegalStateException, IOException{
        Result < Integer > result = new Result < Integer >();
        String tempPath;
        if(UploadPathUtils.PATH.lastIndexOf(" /") != -1) { //判断更新路径是否存在
            tempPath = UploadPathUtils.PATH + "carousel";
        }else {
            tempPath = UploadPathUtils.PATH + " /carousel";
        }
        File saveFile = FileUploadUtils.saveFile(tempPath, file); //创建文件类进行文件存储
        Carousel carousel = new Carousel();
        carousel.setPath(" /carousel /" + saveFile.getName());
        carouselService.add(carousel);
        result.setCode(200);
        result.setMessage("新增成功");
        return result;
    }

    @GetMapping("delete /{id}") //以 id 形式返回删除对象 id
public Result < Integer > delete(@PathVariable("id") Integer id){
        Result < Integer > result = new Result < Integer >();
        String carouselPath = carouselService.delete(id); //获取路径
        if(UploadPathUtils.PATH.lastIndexOf(" /") != -1) { //判断路径是否存在
            carouselPath = UploadPathUtils.PATH + carouselPath;
        }else {
            carouselPath = UploadPathUtils.PATH + " /" + carouselPath;
        }
        FileUploadUtils.deleteFile(carouselPath); //调用删除方法
        result.setCode(200);
        result.setMessage("删除成功");
        return result;
    }

    @GetMapping("list") //获取表单信息
public Result < Map < String, Object >> getCarousels(Integer page, Integer rows){
        Result < Map < String, Object >> result = new Result < Map < String, Object >>();
        Map < String, Object > data = carouselService.getCarousels(page, rows); //以 map 数组
进行数据的存放,调用 get 方法
        result.setCode(200);
        result.setData(data);
        return result;
    }

    @PostMapping("update")
public Result < Integer > update(@RequestBody Carousel carousel){
        Result < Integer > result = new Result < Integer >();
        carouselService.update(carousel); //更新数据
```

```
        result.setCode(200);
        if(carousel.getIsShow()) {
            result.setMessage("设置显示成功");
        }else {
            result.setMessage("设置不显示成功");
        }
        return result;
    }
}
```

CategoryConfigController 子项代码：

```
package edu.agriculture.products.controller; //产品控制器
import java.io.File;
import java.io.IOException;
import java.util.List;
import java.util.Map;
import org.springframework.beans.factory.annotation.Autowired;
import org.springframework.web.bind.annotation.GetMapping;
import org.springframework.web.bind.annotation.PathVariable;
import org.springframework.web.bind.annotation.PostMapping;
import org.springframework.web.bind.annotation.RequestBody;
import org.springframework.web.bind.annotation.RequestMapping;
import org.springframework.web.bind.annotation.RestController;
import org.springframework.web.multipart.MultipartFile;
import edu.agriculture.products.pojo.CategoryConfig;
import edu.agriculture.products.pojo.ProductVo;
import edu.agriculture.products.pojo.Result;
import edu.agriculture.products.service.CategoryConfigService;
import edu.agriculture.products.util.FileUploadUtils;
import edu.agriculture.products.util.UploadPathUtils;
@RestController
@RequestMapping("edu /category /config")
public class CategoryConfigController {
    @Autowired //进行自动装配
    private CategoryConfigService categoryConfigService;
    @PostMapping("add")
    public Result< Integer > add(@RequestBody CategoryConfig categoryConfig){
        Result< Integer > result = new Result< Integer >();
        categoryConfigService.add(categoryConfig);
        result.setCode(200);
        result.setMessage("新增成功");
        return result;
    }
    @GetMapping("delete /{id}") //通过 id 号进行删除操作
```

```java
public Result<Integer> delete(@PathVariable("id")Integer id){
    Result<Integer> result = new Result<Integer>();
    categoryConfigService.delete(id);
    result.setCode(200);
    result.setMessage("删除成功");
    return result;
}
@GetMapping("list") //获取表单
public Result<Map<String,Object>> getCategoryConfigs(Integer page, Integer rows){
    Result<Map<String,Object>> result = new Result<Map<String,Object>>();
    result.setCode(200);
    Map<String,Object> data = categoryConfigService.getCategoryConfigs(page, rows); //
将数据封装在 map 数组
    result.setData(data);
    return result;
}
@GetMapping("products")
public Result<List<ProductVo>> getProducts(){
    Result<List<ProductVo>> result = new Result<List<ProductVo>>();
    List<ProductVo> data = categoryConfigService.getProducts();
    result.setCode(200);
    result.setData(data);
    return result;
}
@PostMapping("set /image")
public Result < Integer > setImage ( MultipartFile file, Integer id ) throws
IllegalStateException, IOException{
    Result<Integer> result = new Result<Integer>(); //创建 Integr 容器
    String tempPath;
    if(UploadPathUtils.PATH.lastIndexOf(" /") != -1) { //判断地址是否正确
        tempPath = UploadPathUtils.PATH + "advertisingImage";
    }else {
        tempPath = UploadPathUtils.PATH + " /advertisingImage";
    }
    File saveFile = FileUploadUtils.saveFile(tempPath, file);
    CategoryConfig categoryConfig = new CategoryConfig();
    categoryConfig.setId(id);
    categoryConfig.setAdvertisingImage("advertisingImage /" + saveFile.getName());
    categoryConfigService.update(categoryConfig);
        result.setCode(200);
    result.setMessage("设置广告图成功");
    return result;
}
```

```
    }
```

CategoryController 子项代码：

```java
package edu.agriculture.products.controller;
import java.util.List;
import java.util.Map;
import org.springframework.beans.factory.annotation.Autowired;
import org.springframework.web.bind.annotation.GetMapping;
import org.springframework.web.bind.annotation.PathVariable;
import org.springframework.web.bind.annotation.PostMapping;
import org.springframework.web.bind.annotation.RequestBody;
import org.springframework.web.bind.annotation.RequestMapping;
import org.springframework.web.bind.annotation.RestController;
import edu.agriculture.products.pojo.Category;
import edu.agriculture.products.pojo.Result;
import edu.agriculture.products.service.CategoryService;
@RestController
@RequestMapping("edu /category")
public class CategoryController {
    @Autowired
    private CategoryService categoryService;
    @GetMapping("list") //获取页和行
    public Result<Map<String,Object>> getCategorys(Integer page, Integer rows){
        Result<Map<String,Object>> result = new Result<Map<String,Object>>();
        Map<String, Object> data = categoryService.getCategorys(page, rows);
        result.setCode(200);
        result.setData(data);
        return result;
    }
    @GetMapping("{id}") //获取 id 信息
    public Result<Category> getCategroyById(@PathVariable("id") Integer id){
        Result<Category> result = new Result<Category>(); //创建种类容器
        Category data = categoryService.getCategoryById(id);
        result.setCode(200);
        result.setData(data);
            return result;
    }
    @GetMapping("delete /{id}")
    public Result<Integer> delete(@PathVariable("id") Integer id){
        Result<Integer> result = new Result<Integer>();
        categoryService.delete(id);
        result.setCode(200);
        result.setMessage("删除成功");
        return result;
```

```java
    }
    @PostMapping("add")
    public Result<Integer> add(@RequestBody Category category){
        Result<Integer> result = new Result<Integer>();
        categoryService.add(category);
        result.setCode(200);
        result.setMessage("新增成功");
            return result;
    }
    @PostMapping("update")
    public Result<Integer> update(@RequestBody Category category){
        Result<Integer> result = new Result<Integer>();
        categoryService.update(category);
        result.setCode(200);
        result.setMessage("修改成功");
            return result;
    }
    @GetMapping("all")
    public Result<List<Category>> getAll(){
        Result<List<Category>> result = new Result<List<Category>>();
        List<Category> data = categoryService.getAll();
        result.setCode(200);
        result.setData(data);
        return result;
    }
}
```

EnshrineController 子项代码：

```java
package edu.agriculture.products.controller;
import java.util.List;
import org.springframework.beans.factory.annotation.Autowired;
import org.springframework.web.bind.annotation.GetMapping;
import org.springframework.web.bind.annotation.PostMapping;
import org.springframework.web.bind.annotation.RequestBody;
import org.springframework.web.bind.annotation.RequestMapping;
import org.springframework.web.bind.annotation.RestController;
import edu.agriculture.products.pojo.Enshrine;
import edu.agriculture.products.pojo.Result;
import edu.agriculture.products.service.EnshrineService;
@RestController
@RequestMapping("edu/enshrine")
public class EnshrineController {
    @Autowired
    private EnshrineService enshrineService;
```

```java
@PostMapping("add")
public Result<Integer> add(@RequestBody Enshrine enshrine){
    Result<Integer> result = new Result<Integer>();
    enshrineService.add(enshrine);
    result.setCode(200);
    result.setMessage("收藏成功");
    return result;
}
@PostMapping("update")
public Result<Integer> update(Integer id,Boolean status){
    Result<Integer> result = new Result<Integer>();
    enshrineService.updateStatus(id, status);
    result.setCode(200);
    if(status) {
        result.setMessage("取消收藏成功");
    }
    return result;
}
@GetMapping("list")
public Result<List<Enshrine>> getEnshrines(){
    Result<List<Enshrine>> result = new Result<List<Enshrine>>();
    List<Enshrine> data = enshrineService.getEnshrines();
    result.setCode(200);
    result.setData(data);
    return result;
}
}
```

IndexViewController 子项代码：

```java
package edu.agriculture.products.controller;
import java.io.UnsupportedEncodingException;
import java.text.ParseException;
import java.text.SimpleDateFormat;
import java.util.List;
import javax.servlet.http.HttpServletRequest;
import org.springframework.beans.factory.annotation.Autowired;
import org.springframework.stereotype.Controller;
import org.springframework.web.bind.annotation.GetMapping;
import edu.agriculture.products.pojo.BrowseRecord;
import edu.agriculture.products.pojo.BrowseRecordVo;
import edu.agriculture.products.pojo.Carousel;
import edu.agriculture.products.pojo.Category;
import edu.agriculture.products.pojo.Orders;
import edu.agriculture.products.pojo.OrdersVo;
```

```java
import edu.agriculture.products.pojo.Product;
import edu.agriculture.products.pojo.ProductImage;
import edu.agriculture.products.pojo.ProductLabel;
import edu.agriculture.products.pojo.User;
import edu.agriculture.products.pojo.UserAddress;
import edu.agriculture.products.service.BrowseRecordService;
import edu.agriculture.products.service.CarouselService;
import edu.agriculture.products.service.CategoryService;
import edu.agriculture.products.service.EnshrineService;
import edu.agriculture.products.service.OrdersService;
import edu.agriculture.products.service.ProductImageService;
import edu.agriculture.products.service.ProductLabelService;
import edu.agriculture.products.service.ProductService;
import edu.agriculture.products.service.UserAddressService;
import edu.agriculture.products.service.UserService;
@Controller
public class IndexViewController {
    @Autowired
    private CategoryService categoryService;
    @Autowired
    private ProductService productService;
    @Autowired
    private ProductImageService productImageService;
    @Autowired
    private ProductLabelService productLabelService;
    @Autowired
    private OrdersService ordersService;
    @Autowired
    private UserService userService;
    @Autowired
    private UserAddressService userAddressService;
    @Autowired
    private BrowseRecordService browseRecordService;
    @Autowired
    private EnshrineService enshrineService;
    @Autowired
    private CarouselService carouselService;
        private void setCategory(HttpServletRequest request) {
        List<Category> categorys = categoryService.getAll();
        request.setAttribute("categorys", categorys);
    }
    @GetMapping(value = {"/","index"})
    public String index(HttpServletRequest request) {
```

```java
        setCategory(request);
        List<Carousel> carousels = carouselService.getAll();
        request.setAttribute("carousels", carousels);
        return "index/index";
    }
    @GetMapping("login")
    public String login() {
        return "index/login";
    }
    @GetMapping("info")
    public String info(HttpServletRequest request) {
        setCategory(request);
        return "index/info";
    }
    @GetMapping("search_menu")
    public String search_menu(HttpServletRequest request, Integer id) {
        request.setAttribute("id", id);
        setCategory(request);
        return "index/search_menu";
    }
    @GetMapping("search")
    public String search(HttpServletRequest request, Integer type, String name) {
        request.setAttribute("type", type);
        request.setAttribute("name", name);
            setCategory(request);
        return "index/search";
    }
    @GetMapping("password")
    public String password(HttpServletRequest request) {
        setCategory(request);
        return "index/info_password";
    }
    @GetMapping("cart")
    public String cart(HttpServletRequest request) {
        setCategory(request);
        return "index/info_cart";
    }
    @GetMapping("info_product")
    public String product(HttpServletRequest request) {
        setCategory(request);
        return "index/info_product";
    }
    @GetMapping("info_orders")
```

```
public String infoOrders(HttpServletRequest request) {
    setCategory(request);
    return "index /info_orders";
}
@GetMapping("info_trade")
public String trade(HttpServletRequest request) {
    setCategory(request);
    return "index /info_trade";
}
@GetMapping("merchants_info_refund")
public String merchantsRefund(HttpServletRequest request) {
    setCategory(request);
    return "index /merchants_info_refund";
}
@GetMapping("info_refund")
public String refund(HttpServletRequest request) {
    setCategory(request);
    return "index /info_refund";
}
@GetMapping("address")
public String address(HttpServletRequest request) {
    setCategory(request);
    return "index /info_address";
}
@GetMapping("auth")
public String auth(HttpServletRequest request) {
    setCategory(request);
    return "index /info_auth";
}
@GetMapping("message")
public String message(HttpServletRequest request) {
    setCategory(request);
    return "index /info_message";
}
@GetMapping("info_enshrine")
public String infoEnshrine(HttpServletRequest request) {
    setCategory(request);
    return "index /info_enshrine";
}
@GetMapping("productDetail")
public String productDetail(Integer id, HttpServletRequest request) {
    setCategory(request);
    SimpleDateFormat sdf = new SimpleDateFormat("yyyy-MM-dd");
```

```
    Product product = productService.getProductById(id);
    List<ProductLabel> labels = productLabelService.getProductLabelsByProductId(id);
    List<ProductImage> images = productImageService.getProductImagesByProductId(id);
    User user = userService.getUserById(product.getUserId());
    request.setAttribute("product", product);
    request.setAttribute("mainImage", images.get(0).getImage());
    request.setAttribute("images", images);
    request.setAttribute("labels", labels);
    request.setAttribute("publishUser", user);
    request.setAttribute("publishDate", sdf.format(product.getUpdateTime()));
        String sessionId = request.getSession().getId();
    request.setAttribute("sessionId", sessionId);
        product.setBrowseNumber(product.getBrowseNumber() + 1);
    productService.update(product);
    BrowseRecord record = new BrowseRecord();
    record.setProductId(product.getId());
    try {
        browseRecordService.add(record);
    } catch (ParseException e) {
        e.printStackTrace();
    }
    Integer status = enshrineService.checkIsExist(product.getId());
    request.setAttribute("status", status);
    return "index /product_detail";
}
@GetMapping("register")
public String register() {
    return "index /register";
}
@GetMapping("info_product_image")
public String productImage(Integer id,HttpServletRequest request) {
    setCategory(request);
    request.setAttribute("productId", id);
    List<ProductImage> productImages = productImageService.getProductImagesByProductId(id);
    request.setAttribute("productImages", productImages);
    return "index /info_product_image";
}
@GetMapping("info_browse")
public String infoBrowse(HttpServletRequest request) {
    setCategory(request);
    List<BrowseRecordVo> browseRecords = browseRecordService.getBrowseRecords();
    request.setAttribute("browseRecords", browseRecords);
    return "index /info_browse";
```

```
    }
    @GetMapping("info_product_detail")
    public String infoProductDetail(Integer id, HttpServletRequest request) {
        request.setAttribute("productId", id);
        return "index/info_product_detail";
    }
    @GetMapping("orders")
    public String order(Integer[] ids, Integer number, HttpServletRequest request, Boolean
isCart) {
        setCategory(request);
        List<OrdersVo> productInfo = ordersService.getProductInfo(ids, isCart, number);
        request.setAttribute("productInfos", productInfo);
        request.setAttribute("total", productInfo.get(0).getTotal());
        return "index/orders";
    }
    @GetMapping("orders_success")
    public String ordersSuccess(Integer id, HttpServletRequest request) {
        Orders orders = ordersService.getOrdersById(id);
        UserAddress address = userAddressService.getUserAddressById(orders.getAddressId());
        request.setAttribute("orders", orders);
        request.setAttribute("address", address);
        return "index/orders_success";
    }
}
```

OrderCommentsController 子项代码:

```
package edu.agriculture.products.controller;
import java.io.File;
import java.io.IOException;
import java.util.Map;
import org.springframework.beans.factory.annotation.Autowired;
import org.springframework.web.bind.annotation.GetMapping;
import org.springframework.web.bind.annotation.PathVariable;
import org.springframework.web.bind.annotation.PostMapping;
import org.springframework.web.bind.annotation.RequestBody;
import org.springframework.web.bind.annotation.RequestMapping;
import org.springframework.web.bind.annotation.RestController;
import org.springframework.web.multipart.MultipartFile;
import edu.agriculture.products.pojo.OrderComments;
import edu.agriculture.products.pojo.Result;
import edu.agriculture.products.service.OrderCommentsService;
import edu.agriculture.products.util.FileUploadUtils;
import edu.agriculture.products.util.UploadPathUtils;
@RestController
```

```java
@RequestMapping("edu /orders /comments")
public class OrderCommentsController {
    @Autowired
    private OrderCommentsService orderCommentsService;
    @PostMapping("add")
    public Result < Integer > add(@RequestBody OrderComments orderComments){
        Result < Integer > result = new Result < Integer >();
        orderCommentsService.add(orderComments);
        result.setCode(200);
        result.setMessage("评论成功");
        return result;
    }
    @PostMapping("image /add")
    public Result < String > addImage (MultipartFile file) throws IllegalStateException,
IOException{
        Result < String > result = new Result < String >();
        String tempPath;
        String path = UploadPathUtils.PATH;
        if(path.lastIndexOf(" /") != -1) {
            tempPath = path + "comments";
        }else {
            tempPath = path + " /comments";
        }
        File saveFile = FileUploadUtils.saveFile(tempPath, file);
        result.setCode(200);
        result.setData("comments /" + saveFile.getName());
        return result;
    }
    @GetMapping("list /{productId}")
    public Result < Map < String, Object >>        getProductComments (@ PathVariable ("
productId") Integer id, Integer page, Integer rows){
        Result < Map < String, Object >> result = new Result < Map < String, Object >>();
        Map < String, Object > data = orderCommentsService.getProductComments(page, rows, id);
        result.setCode(200);
        result.setData(data);
        return result;
    }
}
```

OrdersController 子项代码：

```java
package edu.agriculture.products.controller;
import java.util.List;
import java.util.Map;
import org.springframework.beans.factory.annotation.Autowired;
```

```java
import org.springframework.web.bind.annotation.GetMapping;
import org.springframework.web.bind.annotation.PathVariable;
import org.springframework.web.bind.annotation.PostMapping;
import org.springframework.web.bind.annotation.RequestBody;
import org.springframework.web.bind.annotation.RequestMapping;
import org.springframework.web.bind.annotation.RestController;
import edu.agriculture.products.pojo.OrderInfoVo;
import edu.agriculture.products.pojo.OrderItem;
import edu.agriculture.products.pojo.Orders;
import edu.agriculture.products.pojo.Result;
import edu.agriculture.products.pojo.UserAddress;
import edu.agriculture.products.service.OrdersService;
@RestController
@RequestMapping("edu /orders")
public class OrdersController {
    @Autowired
    private OrdersService ordersService;
    @GetMapping("list")
    public Result < Map < String, Object >> getOrders (Integer page, Integer rows, Integer userId){
        Result < Map < String, Object >> result = new Result < Map < String, Object >>();
        Map < String, Object > data = ordersService.getOrders(page, rows, userId);
        result.setCode(200);
        result.setData(data);
        return result;
    }
    @GetMapping("address")
    public Result < List < UserAddress >> getUserAddress(){
        Result < List < UserAddress >> result = new Result < List < UserAddress >>();
        List < UserAddress > data = ordersService.getUserAddressByUserId();
        result.setCode(200);
        result.setData(data);
        return result;
    }
    @PostMapping("add")
    public Result < String > add(@RequestBody OrderInfoVo vo){
        Result < String > result = new Result < String >();
        String orderNo = ordersService.add(vo);
        result.setCode(200);
        result.setData(orderNo);
        result.setMessage("生成订单成功,请确认支付");
        return result;
    }
```

```java
@PostMapping("confirmPay")
public Result<String> confirmPay(@RequestBody Orders orders){
    Result<String> result = new Result<String>();
    String id = ordersService.confirmPay(orders);
    result.setCode(200);
    result.setData(id);
    result.setMessage("确认支付成功");
    return result;
}
@GetMapping("cancel/{id}")
public Result<Integer> cancel(@PathVariable("id")Integer id){
    Result<Integer> result = new Result<Integer>();
    ordersService.cancel(id);
    result.setCode(200);
    result.setMessage("取消订单成功");
    return result;
}
@GetMapping("trade")
public Result<List<Orders>> trade(Integer type){
    Result<List<Orders>> result = new Result<List<Orders>>();
    List<Orders> data = ordersService.trade(type);
    result.setCode(200);
    result.setData(data);
    return result;
}
@PostMapping("update")
public Result<Integer> update(@RequestBody Orders orders){
    Result<Integer> result = new Result<Integer>();
    ordersService.update(orders);
    result.setCode(200);
    return result;
}
@GetMapping("detail")
public Result<List<OrderItem>> detail(Integer id,Boolean flag,Boolean type){
    Result<List<OrderItem>> result = new Result<List<OrderItem>>();
    List<OrderItem> data = ordersService.detail(id,flag,type);
    result.setCode(200);
    result.setData(data);
    return result;
}
}
```

ProductController 子项代码：

```java
package edu.agriculture.products.controller;
```

```java
import java.util.List;
import java.util.Map;
import org.springframework.beans.factory.annotation.Autowired;
import org.springframework.web.bind.annotation.GetMapping;
import org.springframework.web.bind.annotation.PathVariable;
import org.springframework.web.bind.annotation.PostMapping;
import org.springframework.web.bind.annotation.RequestBody;
import org.springframework.web.bind.annotation.RequestMapping;
import org.springframework.web.bind.annotation.RestController;
import edu.agriculture.products.pojo.LayuiTree;
import edu.agriculture.products.pojo.Product;
import edu.agriculture.products.pojo.Result;
import edu.agriculture.products.service.ProductService;
@RestController
@RequestMapping("edu /product")
public class ProductController {
    @Autowired
    private ProductService productService;
    @GetMapping("list")
    public Result < Map < String, Object >> getProducts ( Integer page, Integer rows, Integer
userId){
        Result< Map< String,Object >> result = new Result< Map< String,Object >>();
        Map< String, Object> data = productService.getProducts(page, rows,userId);
        result.setCode(200);
        result.setData(data);
        return result;
    }
    @GetMapping("{id}")
    public Result < Product > getCategroyById(@PathVariable("id") Integer id){
        Result< Product > result = new Result< Product >();
        Product data = productService.getProductById(id);
        result.setCode(200);
        result.setData(data);
        return result;
    }
    @GetMapping("delete /{id}")
    public Result < Integer > delete(@PathVariable("id") Integer id){
        Result< Integer > result = new Result< Integer >();
        productService.delete(id);
        result.setCode(200);
        result.setMessage("删除成功");
        return result;
    }
```

```java
@PostMapping("add")
public Result < Integer > add(@RequestBody Product product){
    Result < Integer > result = new Result < Integer >();
    productService.add(product);
    result.setCode(200);
    result.setMessage("新增成功");
    return result;
}
@PostMapping("update")
public Result < Integer > update(@RequestBody Product product){
    Result < Integer > result = new Result < Integer >();
    productService.update(product);
    result.setCode(200);
    result.setMessage("修改成功");
    return result;
}
@GetMapping("label")
public Result < List < LayuiTree >> getUserRole(Integer id){
    Result < List < LayuiTree >> result = new Result < List < LayuiTree >>();
    List < LayuiTree > data = productService.getLabels(id);
    result.setCode(200);
    result.setData(data);
    rcturn result;
}
@PostMapping("label")
public Result < Integer > updateRole(Integer productId, Integer[] labelIds){
    Result < Integer > result = new Result < Integer >();
    productService.updateLabel(productId, labelIds);
    result.setCode(200);
    result.setMessage("修改标签成功");
    return result;
}
@PostMapping("updateStatus")
public Result < Integer > updateStatus(@RequestBody Product product){
    Result < Integer > result = new Result < Integer >();
    productService.updateStatus(product);
    result.setCode(200);
    if(product.getStatus() = = 1) {
        result.setMessage("上架成功");
    }else {
        result.setMessage("下架成功");
    }
    return result;
```

```
    }
}
```

ProductDetailController 子项代码：

```java
package edu.agriculture.products.controller;
import org.springframework.beans.factory.annotation.Autowired;
import org.springframework.web.bind.annotation.GetMapping;
import org.springframework.web.bind.annotation.PathVariable;
import org.springframework.web.bind.annotation.PostMapping;
import org.springframework.web.bind.annotation.RequestBody;
import org.springframework.web.bind.annotation.RequestMapping;
import org.springframework.web.bind.annotation.RestController;
import edu.agriculture.products.pojo.ProductDetail;
import edu.agriculture.products.pojo.Result;
import edu.agriculture.products.service.ProductDetailService;
@RestController
@RequestMapping("edu/product/detail")
public class ProductDetailController {
    @Autowired
    private ProductDetailService productDetailService;
    @GetMapping("{productId}")
    public Result<ProductDetail>      getProductDetail(@PathVariable("productId") Integer
productId){
        Result<ProductDetail> result = new Result<ProductDetail>();
        ProductDetail data = productDetailService.getProductDetailByProductId(productId);
        result.setCode(200);
        result.setData(data);
        return result;
    }
    @PostMapping("save")
    public Result<Integer> svae(@RequestBody ProductDetail productDetail){
        Result<Integer> result = new Result<Integer>();
        productDetailService.save(productDetail);
        result.setCode(200);
        result.setMessage("保存成功");
        return result;
    }
}
```

ProductImageController 子项代码：

```java
package edu.agriculture.products.controller;
import java.io.File;
import java.io.IOException;
import java.util.List;
import org.springframework.beans.factory.annotation.Autowired;
```

```
import org.springframework.web.bind.annotation.GetMapping;
import org.springframework.web.bind.annotation.PostMapping;
import org.springframework.web.bind.annotation.RequestMapping;
import org.springframework.web.bind.annotation.RestController;
import org.springframework.web.multipart.MultipartFile;
import edu.agriculture.products.pojo.ProductImage;
import edu.agriculture.products.pojo.Result;
import edu.agriculture.products.service.ProductImageService;
import edu.agriculture.products.util.FileUploadUtils;
import edu.agriculture.products.util.UploadPathUtils;
@RestController
@RequestMapping("edu/product/image")
public class ProductImageController {
    @Autowired
    private ProductImageService productImageService;
    @PostMapping("add")
    public Result < Integer > add ( MultipartFile file, Integer productId ) throws
IllegalStateException, IOException{
    Result < Integer > result = new Result < Integer >();
        String tempPath;
        String path = UploadPathUtils.PATH;
        if(path.lastIndexOf("/") != -1) {
            tempPath = path + "product";
        }else {
            tempPath = path + "/product";
        }
        File saveFile = FileUploadUtils.saveFile(tempPath, file);
        ProductImage productImage = new ProductImage();
        productImage.setProductId(productId);
        productImage.setImage("/product/" + saveFile.getName());
        productImageService.add(productImage);
        result.setCode(200);
        result.setMessage("新增成功");
        return result;
    }
    @PostMapping("delete")
    public Result < Integer > delete(String ids){
        Result < Integer > result = new Result < Integer >();
        String path = UploadPathUtils.PATH;
        List < String > productImagePaths = productImageService.delete(ids);
        for (String productImagePath : productImagePaths) {
            if(path.lastIndexOf("/") != -1) {
                productImagePath = path + productImagePath;
```

```
            }else {
                productImagePath = path + " /" + productImagePath;
            }
            FileUploadUtils.deleteFile(productImagePath);
        }
        result.setCode(200);
        result.setMessage("删除成功");
        return result;
    }
    @GetMapping("list")
    public Result < List < ProductImage >> getProductImagesByProductId(Integer productId ){
        Result < List < ProductImage >> result = new Result < List < ProductImage >>();
        List < ProductImage > data = productImageService. getProductImagesByProductId
(productId);
        result.setCode(200);
        result.setData(data);
        return result;
    }
}
```

ProductLabelController 子项代码：

```
package edu. agriculture. products. controller;
import java. util. List;
import java. util. Map;
import org. springframework. beans. factory. annotation. Autowired;
import org. springframework. web. bind. annotation. GetMapping;
import org. springframework. web. bind. annotation. PathVariable;
import org. springframework. web. bind. annotation. PostMapping;
import org. springframework. web. bind. annotation. RequestBody;
import org. springframework. web. bind. annotation. RequestMapping;
import org. springframework. web. bind. annotation. RestController;
import edu. agriculture. products. pojo. ProductLabel;
import edu. agriculture. products. pojo. Result;
import edu. agriculture. products. service. ProductLabelService;
@RestController
@RequestMapping("edu /label")
public class ProductLabelController {
    @Autowired
    private ProductLabelService productLabelService;
    @GetMapping("list")
    public Result < Map < String, Object >> getProductLabels(Integer page, Integer rows){
        Result < Map < String, Object >> result = new Result < Map < String, Object >>();
        Map < String, Object > data = productLabelService. getProductLabels(page, rows);
        result.setCode(200);
```

```
        result.setData(data);
        return result;
    }
    @GetMapping("{id}")
    public Result < ProductLabel > getCategroyById(@PathVariable("id") Integer id){
        Result < ProductLabel > result = new Result < ProductLabel >();
        ProductLabel data = productLabelService.getProductLabelById(id);
        result.setCode(200);
        result.setData(data);
            return result;
    }
    @GetMapping("delete /{id}")
    public Result < Integer > delete(@PathVariable("id") Integer id){
        Result < Integer > result = new Result < Integer >();
        productLabelService.delete(id);
        result.setCode(200);
        result.setMessage("删除成功");
        return result;
    }
    @PostMapping("add")
    public Result < Integer > add(@RequestBody ProductLabel productLabel){
        Result < Integer > result = new Result < Integer >();
        productLabelService.add(productLabel);
        result.setCode(200);
        result.setMessage("新增成功");
            return result;
    }
    @PostMapping("update")
    public Result < Integer > update(@RequestBody ProductLabel productLabel){
        Result < Integer > result = new Result < Integer >();
        productLabelService.update(productLabel);
        result.setCode(200);
        result.setMessage("修改成功");
            return result;
    }
    @GetMapping("all")
    public Result < List < ProductLabel >> getAll(){
        Result < List < ProductLabel >> result = new Result < List < ProductLabel >>();
        List < ProductLabel > data = productLabelService.getAll();
        result.setCode(200);
        result.setData(data);
        return result;
    }
```

```
}
```

RefundRecordController 子项代码：

```java
package edu.agriculture.products.controller;
import java.util.List;
import java.util.Map;
import org.springframework.beans.factory.annotation.Autowired;
import org.springframework.web.bind.annotation.GetMapping;
import org.springframework.web.bind.annotation.PostMapping;
import org.springframework.web.bind.annotation.RequestBody;
import org.springframework.web.bind.annotation.RequestMapping;
import org.springframework.web.bind.annotation.RestController;
import edu.agriculture.products.pojo.Orders;
import edu.agriculture.products.pojo.RefundRecord;
import edu.agriculture.products.pojo.Result;
import edu.agriculture.products.service.OrdersService;
import edu.agriculture.products.service.RefundRecordService;
@RestController
@RequestMapping("edu /refund")
public class RefundRecordController {
    @Autowired
    private RefundRecordService refundRecordService;
    @Autowired
    private OrdersService ordersService;
    @GetMapping("orders")
    public Result < Map < String, Object > > getOrders ( Integer page, Integer rows, Integer userId){
        Result < Map < String, Object >> result = new Result < Map < String, Object >>();
        Map < String, Object > data = refundRecordService.getOrders(page, rows, userId);
        result.setCode(200);
        result.setData(data);
        return result;
    }
    @PostMapping("add")
    public Result < Integer > add(@RequestBody RefundRecord refundRecord){
        Result < Integer > result = new Result < Integer >();
        refundRecordService.add(refundRecord);
        result.setCode(200);
        result.setMessage("申请退款成功");
        return result;
    }
    @PostMapping("update")
    public Result < Integer > update(@RequestBody RefundRecord refundRecord){
        Result < Integer > result = new Result < Integer >();
```

```
            refundRecordService.update(refundRecord);
            result.setCode(200);
            result.setMessage("处理退款申请成功");
            return result;
        }
    @GetMapping("trade")
    public Result < List < Orders >> trade(Integer type){
            Result < List < Orders >> result = new Result < List < Orders >>();
            List < Orders > data = ordersService.trade(type);
            result.setCode(200);
            result.setData(data);
            return result;
        }
}
```

SearchController 子项代码：

```
package edu.agriculture.products.controller;
import java.util.List;
import java.util.Map;
import org.springframework.beans.factory.annotation.Autowired;
import org.springframework.web.bind.annotation.GetMapping;
import org.springframework.web.bind.annotation.PostMapping;
import org.springframework.web.bind.annotation.RequestMapping;
import org.springframework.web.bind.annotation.RestController;
import edu.agriculture.products.pojo.Result;
import edu.agriculture.products.service.SearchService;
@RestController
@RequestMapping("edu /search")
public class SearchController {
    @Autowired
    private SearchService searchService;
    @GetMapping("menu")
    public Result < Map < String, Object >>    getProductsByCategoryId(Integer page, Integer
rows, Integer categoryId){
            Result < Map < String,Object >> result = new Result < Map < String,Object >>();
            Map < String, Object > data = searchService.getProductsByCategoryId(page, rows,
categoryId);
            result.setCode(200);
            result.setData(data);
            return result;
        }
    @PostMapping("list")
    public Result < List < String >> list(String name, Integer type){
            Result < List < String >> result = new Result < List < String >>();
```

```
        List < String > data = searchService. search(name, type);
        result. setCode(200);
        result. setData(data);
        return result;
    }
    @PostMapping("product")
    public Result < Map < String, Object >> searchProduct(Integer page, Integer rows, Integer
type, String name){
        Result < Map < String, Object >> result = new Result < Map < String, Object >>();
        Map < String, Object > data = searchService. searchProduct(page, rows, type, name);
        result. setCode(200);
        result. setData(data);
        return result;
    }
}
```

UploadController 子项代码：

```
package edu. agriculture. products. controller;
import java. io. File;
import java. io. IOException;
import java. util. HashMap;
import java. util. Map;
import org. springframework. web. bind. annotation. PostMapping;
import org. springframework. web. bind. annotation. RequestMapping;
import org. springframework. web. bind. annotation. RestController;
import org. springframework. web. multipart. MultipartFile;
import edu. agriculture. products. pojo. Result;
import edu. agriculture. products. util. FileUploadUtils;
import edu. agriculture. products. util. UploadPathUtils;
@RestController
@RequestMapping("upload")
public class UploadController {
    /**
     * 上传文件
     * @param file
     * @return
     * @throws IllegalStateException
     * @throws IOException
     * /
    @PostMapping("file")
    public Result < String > upload ( MultipartFile file ) throws IllegalStateException,
IOException{
        Result < String > result = new Result < String >();
        File uplaodFile = FileUploadUtils. saveFile(UploadPathUtils. PATH, file);
```

```
        result.setCode(200);
        result.setData("上传成功");
        result.setData(uplaodFile.getName());
        return result;
    }
    @PostMapping("image/add")
    public Map<String,String> add(MultipartFile file) throws IOException{
        Map<String,String> result = new HashMap<String, String>();
        File uplaodFile = FileUploadUtils.saveFile(UploadPathUtils.PATH, file);
        result.put("location", "/img/" + uplaodFile.getName());
        return result;
    }
}
```

UserAddressController 子项代码：

```
package edu.agriculture.products.controller;
import java.util.Map;
import org.springframework.beans.factory.annotation.Autowired;
import org.springframework.web.bind.annotation.GetMapping;
import org.springframework.web.bind.annotation.PathVariable;
import org.springframework.web.bind.annotation.PostMapping;
import org.springframework.web.bind.annotation.RequestBody;
import org.springframework.web.bind.annotation.RequestMapping;
import org.springframework.web.bind.annotation.RestController;
import edu.agriculture.products.pojo.Result;
import edu.agriculture.products.pojo.UserAddress;
import edu.agriculture.products.service.UserAddressService;
@RestController
@RequestMapping("edu/address")
public class UserAddressController {
    @Autowired
    private UserAddressService userAddressService;
    @GetMapping("list")
    public Result<Map<String, Object>> getUserAddress(Integer page, Integer rows, Integer
userId){
        Result<Map<String,Object>> result = new Result<Map<String,Object>>();
        Map<String, Object> data = userAddressService.getUserAddress(page, rows, userId);
        result.setCode(200);
        result.setData(data);
        return result;
    }
    @PostMapping("save")
    public Result<Integer> save(@RequestBody UserAddress userAddress){
        Result<Integer> result = new Result<Integer>();
```

```java
        userAddressService.save(userAddress);
        result.setCode(200);
        result.setMessage("保存成功");
        return result;
    }
    @GetMapping("{id}")
    public Result<UserAddress> getUserAddressById(@PathVariable("id") Integer id){
        Result<UserAddress> result = new Result<UserAddress>();
        UserAddress data = userAddressService.getUserAddressById(id);
        result.setCode(200);
        result.setData(data);
        return result;
    }
    @GetMapping("delete/{id}")
    public Result<Integer> delete(@PathVariable("id")Integer id){
        Result<Integer> result = new Result<Integer>();
        userAddressService.delete(id);
        result.setCode(200);
        result.setMessage("删除成功");
        return result;
    }
    @GetMapping("default/{id}")
    public Result<Integer> setDefault(@PathVariable("id")Integer id){
        Result<Integer> result = new Result<Integer>();
        userAddressService.setDefault(id);
        result.setCode(200);
        result.setMessage("设置默认成功");
        return result;
    }
}
```

UserAuthController 子项代码：

```java
package edu.agriculture.products.controller;
import java.util.Map;
import org.springframework.beans.factory.annotation.Autowired;
import org.springframework.web.bind.annotation.GetMapping;
import org.springframework.web.bind.annotation.PathVariable;
import org.springframework.web.bind.annotation.PostMapping;
import org.springframework.web.bind.annotation.RequestBody;
import org.springframework.web.bind.annotation.RequestMapping;
import org.springframework.web.bind.annotation.RestController;
import edu.agriculture.products.pojo.Result;
import edu.agriculture.products.pojo.UserAuth;
import edu.agriculture.products.service.UserAuthService;
```

```java
@RestController
@RequestMapping("edu /auth")
public class UserAuthController {
    @Autowired
    private UserAuthService userAuthService;
    @GetMapping("user /{id}")
    public Result < UserAuth > getUserAuthByUserId(@PathVariable("id")Integer userId){
        Result < UserAuth > result = new Result < UserAuth >();
        UserAuth data = userAuthService. getUserAuthByUserId(userId);
        result. setCode(200);
        result. setData(data);
        return result;
    }
    @PostMapping("save")
    public Result < String > save(@RequestBody UserAuth userAuth){
        Result < String > result = new Result < String >();
        String data = userAuthService. save(userAuth);
        result. setCode(200);
        result. setMessage(data);
        return result;
    }
    @PostMapping("update")
    public Result < String > updateStatus(@RequestBody UserAuth userAuth){
        Result < String > result = new Result < String >();
        userAuthService. auth(userAuth);
        result. setCode(200);
        if(userAuth. getStatus() = = 1){
            result. setMessage("同意");
        }else {
            result. setMessage("不同意");
        }
        return result;
    }
    @GetMapping("list")
    public Result < Map < String, Object >> getAuths(Integer page, Integer rows){
        Result < Map < String, Object >> result = new Result < Map < String, Object >>();
        Map < String, Object > data = userAuthService. getUserAuths(page, rows);
        result. setCode(200);
        result. setData(data);
        return result;
    }
}
```

UserController 子项代码：

```java
package edu.agriculture.products.controller;
import java.io.File;
import java.io.IOException;
import java.util.Map;
import javax.servlet.http.HttpServletRequest;
import javax.servlet.http.HttpSession;
import org.springframework.beans.factory.annotation.Autowired;
import org.springframework.web.bind.annotation.GetMapping;
import org.springframework.web.bind.annotation.PostMapping;
import org.springframework.web.bind.annotation.RequestBody;
import org.springframework.web.bind.annotation.RequestMapping;
import org.springframework.web.bind.annotation.RestController;
import org.springframework.web.multipart.MultipartFile;
import edu.agriculture.products.pojo.RegisterUser;
import edu.agriculture.products.pojo.Result;
import edu.agriculture.products.pojo.User;
import edu.agriculture.products.service.UserService;
import edu.agriculture.products.util.FileUploadUtils;
import edu.agriculture.products.util.UploadPathUtils;
@RestController
@RequestMapping("edu /user")
public class UserController {
    @Autowired
    private UserService userService;
        /**
    * 登陆
    * @param account
    * @param password
    * @param validCode
    * @param type
    * @return
    * /
    @PostMapping("login")
    public Result < String > login(String account, String password, String validCode, String
type){
        Result <String > result = new Result < String >();
                if(account = = null || "".equals(account)) {
            result.setCode(500);
            result.setMessage("帐号不能为空");
        }
                if(password = = null || "".equals(password)) {
        result.setCode(500);
```

```
            result.setMessage("密码不能为空");
        }
    if(validCode == null || "".equals(validCode)) {
            result.setCode(500);
            result.setMessage("验证码不能为空");
        }
            userService.login(account,password,validCode,type);
    result.setCode(200);
    result.setMessage("登陆成功");
    if("index".equals(type)) {
            result.setData("/");
    }else {
            result.setData("/admin");
    }
    return result;
}
/**
    * 退出
    * @param type
    * @return
    * /
    @GetMapping("logout")
    public Result<String> logout(String type){
        Result<String> result = new Result<String>();
        userService.logout(type);
        result.setCode(200);
        result.setMessage("退出成功");
        result.setData("/");
        return result;
    }
        /**
    * 普通用户注册
    * @param user
    * @return
    * /
    @PostMapping("register")
    public Result<String> register(@RequestBody RegisterUser user){
        Result<String> result = new Result<String>();

        userService.register(user);
                result.setCode(200);
        result.setMessage("注册成功");
        result.setData("/");
```

```java
        return result;
    }
        /**
    * 当前登陆用户修改个人信息
    * @param id
    * @return
    */
@GetMapping("info")
public Result<User> getUserById(Integer id){
    Result<User> result = new Result<User>();
    User user = userService.getUserById(id);
    result.setCode(200);
    result.setData(user);
    return result;
}
    /**
    * 修改个人信息
    * @param user
    * @return
    */
@PostMapping("updateCurrUser")
public Result<Integer> updateCurrUser(@RequestBody User user){
        Result<Integer> result = new Result<Integer>();
        userService.updateCurrUserInfo(user);
    result.setCode(200);
    result.setMessage("修改成功");
    return result;
        }
    /**
    * 修改密码
    * @param id
    * @param oldPassword
    * @param password
    * @return
    */
@PostMapping("updatePassword")
public Result<String> updatePassword(Integer id, String oldPassword, String password){
    Result<String> result = new Result<String>();
    userService.updatePassword(id, oldPassword, password);
    result.setCode(200);
    result.setMessage("修改密码成功,请重新登陆");
    result.setData(" /");
    return result;
```

```java
    }
    @GetMapping("checkLogin")
    public Result<Integer> checkLogin(){
        Result<Integer> result = new Result<Integer>();
        result.setCode(200);
        return result;
    }
    @GetMapping("list")
    public Result<Map<String,Object>> getUsers(Integer page, Integer rows){
        Result<Map<String,Object>> result = new Result<Map<String,Object>>();
        Map<String, Object> data = userService.getUsers(page, rows);
        result.setCode(200);
        result.setData(data);
        return result;
    }
    @PostMapping("updateStatus")
    public Result<Integer> updateStatus(Integer id,Boolean status){
        Result<Integer> result = new Result<Integer>();
        userService.updateStatus(id, status);
        result.setCode(200);
        if(status) {
            result.setMessage("禁用用户成功");
        }else {
            result.setMessage("启用用户成功");
        }
        return result;
    }
    @PostMapping("updateHeaderImage")
    public Result<String> updateHeaderImage(MultipartFile file, HttpServletRequest request)
throws IllegalStateException, IOException{
        Result<String> result = new Result<String>();
        String tempPath;
        if(UploadPathUtils.PATH.lastIndexOf("/") != -1) {
            tempPath = UploadPathUtils.PATH + "";
        }else {
            tempPath = UploadPathUtils.PATH + "/";
        }
    File saveFile = FileUploadUtils.saveFile(tempPath, file);
    HttpSession session = request.getSession();
    User user = (User) session.getAttribute("user");
    user.setHeaderImage(saveFile.getName());
    userService.update(user);
    result.setCode(200);
```

```
        result.setData(saveFile.getName());
        result.setMessage("修改头像成功");
        return result;
    }
}
```

UserInterchangeRecordController 子项代码：

```java
package edu.agriculture.products.controller;
import java.util.List;
import org.springframework.beans.factory.annotation.Autowired;
import org.springframework.web.bind.annotation.GetMapping;
import org.springframework.web.bind.annotation.RequestMapping;
import org.springframework.web.bind.annotation.RestController;
import edu.agriculture.products.pojo.MessageVo;
import edu.agriculture.products.pojo.Result;
import edu.agriculture.products.pojo.UserInterchangeRecord;
import edu.agriculture.products.service.UserInterchangeRecordService;
@RestController
@RequestMapping("edu /user /interchange")
public class UserInterchangeRecordController {
    @Autowired
    private UserInterchangeRecordService userInterchangeRecordService;
    @GetMapping("list")
    public Result < Integer > getCategorys(Integer userId){
        Result < Integer > result = new Result < Integer >();
        Integer data = userInterchangeRecordService.getUserNotReadMessageCount(userId);
        result.setCode(200);
        result.setData(data);
        return result;
    }
    @GetMapping("users")
    public Result < List < MessageVo >> getUsers(Integer userId){
        Result < List < MessageVo >> result = new Result < List < MessageVo >>();
        List < MessageVo > data = userInterchangeRecordService.getUsers(userId);
        result.setCode(200);
        result.setData(data);
        return result;
    }
    @GetMapping("records")
    public Result < List < UserInterchangeRecord >> getUserInterchangeRecords(Integer userId,
Integer toUserId,Boolean updateFlag){
        Result < List < UserInterchangeRecord >> result = new Result < List < UserInterchangeRecord >
>();
        List  <  UserInterchangeRecord  >  data  =  userInterchangeRecordService.
```

```
getUserInterchangeRecords(userId, toUserId,"asc",updateFlag);
        result.setCode(200);
        result.setData(data);
        return result;
    }
    @GetMapping("admin /records")
    public Result < List < UserInterchangeRecord >> admin (Integer userId, Integer toUserId,
Boolean updateFlag){
        Result < List < UserInterchangeRecord > > result = new Result < List <
UserInterchangeRecord >>();
        List < UserInterchangeRecord > data = userInterchangeRecordService.
getUserInterchangeRecords(userId, toUserId,"asc",updateFlag);
        result.setCode(200);
        result.setData(data);
        return result;
    }
    @GetMapping("update")
    public Result < Integer > update(Integer id){
        Result < Integer > result = new Result < Integer >();
        userInterchangeRecordService.update(id);
        result.setCode(200);
        return result;
    }
}
```

UserProductCartController 子项代码：

```
package edu.agriculture.products.controller;
import java.util.Map;
import org.springframework.beans.factory.annotation.Autowired;
import org.springframework.web.bind.annotation.GetMapping;
import org.springframework.web.bind.annotation.PathVariable;
import org.springframework.web.bind.annotation.PostMapping;
import org.springframework.web.bind.annotation.RequestBody;
import org.springframework.web.bind.annotation.RequestMapping;
import org.springframework.web.bind.annotation.RestController;
import edu.agriculture.products.pojo.Result;
import edu.agriculture.products.pojo.UserProductCart;
import edu.agriculture.products.service.UserProductCartService;
@RestController
@RequestMapping("edu /cart")
public class UserProductCartController {
    @Autowired
    private UserProductCartService userProductCartService;
    @PostMapping("add")
```

```java
public Result < Integer > add((@RequestBody UserProductCart userProductCart){
    Result < Integer > result = new Result < Integer >();
    userProductCartService.add(userProductCart);
    result.setCode(200);
    result.setMessage("加入购物车成功");
    return result;
}
@GetMapping("list")
public Result < Map < String, Object >> getUserProductCarts(Integer page, Integer rows,
Integer userId){
    Result < Map < String,Object >> result = new Result < Map < String,Object >>();
    Map < String, Object > data = userProductCartService.getUserProductCarts(page, rows,
userId);
    result.setCode(200);
    result.setData(data);
    return result;
}
@GetMapping("delete /{id}")
public Result < Integer > delete(@PathVariable("id") Integer id){
    Result < Integer > result = new Result < Integer >();
    userProductCartService.delete(id);
    result.setCode(200);
    result.setMessage("删除成功");
    return result;
}
}
```

ValidCodeController 子项代码：

```java
package edu.agriculture.products.controller;
import javax.servlet.http.HttpServletRequest;
import javax.servlet.http.HttpServletResponse;
import org.springframework.web.bind.annotation.GetMapping;
import org.springframework.web.bind.annotation.RestController;
import edu.agriculture.products.util.CodeUtils;
@RestController
public class ValidCodeController {
    /**
     * 验证码
     * @param request
     * @param response
     * /
    @GetMapping(value = "code")
    public void randomCode(HttpServletRequest request,HttpServletResponse response) {
        try {
```

```java
            CodeUtils.createImageCode(request, response);
        } catch (Exception e) {
            System.err.println("验证码生成错误" + e);
        }
    }
}
package edu.agriculture.products.pojo;
import java.util.Date;
public class AccountInfo {
    private Integer id;
    private String account;
    private String password;
    private Integer userId;
    private Date createTime;
    private Date updaateTime;
    public Integer getId() {
        return id;
    }
    public void setId(Integer id) {
        this.id = id;
    }
    public String getAccount() {
        return account;
    }
    public void setAccount(String account) {
        this.account = account = = null ? null : account.trim();
    }
    public String getPassword() {
        return password;
    }
    public void setPassword(String password) {
        this.password = password = = null ? null : password.trim();
    }
    public Integer getUserId() {
        return userId;
    }
    public void setUserId(Integer userId) {
        this.userId = userId;
    }
    public Date getCreateTime() {
        return createTime;
    }
    public void setCreateTime(Date createTime) {
```

```java
            this.createTime = createTime;
    }
    public Date getUpdaateTime() {
        return updaateTime;
    }
    public void setUpdaateTime(Date updaateTime) {
        this.updaateTime = updaateTime;
    }
}
package edu.agriculture.products.pojo;
import java.util.ArrayList;
import java.util.Date;
import java.util.List;
public class AccountInfoExample {
    protected String orderByClause;
    protected boolean distinct;
    protected List<Criteria> oredCriteria;
    public AccountInfoExample() {
        oredCriteria = new ArrayList<Criteria>();
    }
    public void setOrderByClause(String orderByClause) {
        this.orderByClause = orderByClause;
    }
    public String getOrderByClause() {
        return orderByClause;
    }
    public void setDistinct(boolean distinct) {
        this.distinct = distinct;
    }
    public boolean isDistinct() {
        return distinct;
    }
    public List<Criteria> getOredCriteria() {
        return oredCriteria;
    }
    public void or(Criteria criteria) {
        oredCriteria.add(criteria);
    }
    public Criteria or() {
        Criteria criteria = createCriteriaInternal();
        oredCriteria.add(criteria);
        return criteria;
    }
```

```java
public Criteria createCriteria() {
    Criteria criteria = createCriteriaInternal();
    if (oredCriteria.size() = = 0) {
        oredCriteria.add(criteria);
    }
    return criteria;
}
protected Criteria createCriteriaInternal() {
    Criteria criteria = new Criteria();
    return criteria;
}
public void clear() {
    oredCriteria.clear();
    orderByClause = null;
    distinct = false;
}
protected abstract static class GeneratedCriteria {
    protected List < Criterion > criteria;
    protected GeneratedCriteria() {
        super();
        criteria = new ArrayList < Criterion >();
    }
    public boolean isValid() {
        return criteria.size() > 0;
    }
    public List < Criterion > getAllCriteria() {
        return criteria;
    }
    public List < Criterion > getCriteria() {
        return criteria;
    }
    protected void addCriterion(String condition) {
        if (condition = = null) {
            throw new RuntimeException("Value for condition cannot be null");
        }
        criteria.add(new Criterion(condition));
    }
    protected void addCriterion(String condition, Object value, String property) {
        if (value = = null) {
            throw new RuntimeException("Value for " + property + " cannot be null");
        }
        criteria.add(new Criterion(condition, value));
    }
```

```
        protected void addCriterion(String condition, Object value1, Object value2, String
property) {
            if (value1 = = null || value2 = = null) {
                throw new RuntimeException("Between values for " + property + " cannot be
null");
            }
            criteria.add(new Criterion(condition, value1, value2));
        }
        public Criteria andIdIsNull() {
            addCriterion("id is null");
            return (Criteria) this;
        }
        public Criteria andIdIsNotNull() {
            addCriterion("id is not null");
            return (Criteria) this;
        }
        public Criteria andIdEqualTo(Integer value) {
            addCriterion("id = ", value, "id");
            return (Criteria) this;
        }
        public Criteria andIdNotEqualTo(Integer value) {
            addCriterion("id <>", value, "id");
            return (Criteria) this;
        }
        public Criteria andIdGreaterThan(Integer value) {
            addCriterion("id >", value, "id");
            return (Criteria) this;
        }
        public Criteria andIdGreaterThanOrEqualTo(Integer value) {
            addCriterion("id > = ", value, "id");
            return (Criteria) this;
        }
        public Criteria andIdLessThan(Integer value) {
            addCriterion("id <", value, "id");
            return (Criteria) this;
        }
        public Criteria andIdLessThanOrEqualTo(Integer value) {
            addCriterion("id < = ", value, "id");
            return (Criteria) this;
        }
        public Criteria andIdIn(List < Integer > values) {
            addCriterion("id in", values, "id");
            return (Criteria) this;
```

```java
    }
    public Criteria andIdNotIn(List < Integer > values) {
        addCriterion("id not in", values, "id");
        return (Criteria) this;
    }
    public Criteria andIdBetween(Integer value1, Integer value2) {
        addCriterion("id between", value1, value2, "id");
        return (Criteria) this;
    }
    public Criteria andIdNotBetween(Integer value1, Integer value2) {
        addCriterion("id not between", value1, value2, "id");
        return (Criteria) this;
    }
    public Criteria andAccountIsNull() {
        addCriterion("account is null");
        return (Criteria) this;
    }
    public Criteria andAccountIsNotNull() {
        addCriterion("account is not null");
        return (Criteria) this;
    }
    public Criteria andAccountEqualTo(String value) {
        addCriterion("account = ", value, "account");
        return (Criteria) this;
    }
    public Criteria andAccountNotEqualTo(String value) {
        addCriterion("account <>", value, "account");
        return (Criteria) this;
    }
    public Criteria andAccountGreaterThan(String value) {
        addCriterion("account >", value, "account");
        return (Criteria) this;
    }
    public Criteria andAccountGreaterThanOrEqualTo(String value) {
        addCriterion("account > = ", value, "account");
        return (Criteria) this;
    }
    public Criteria andAccountLessThan(String value) {
        addCriterion("account <", value, "account");
        return (Criteria) this;
    }
    public Criteria andAccountLessThanOrEqualTo(String value) {
        addCriterion("account < = ", value, "account");
```

```
            return (Criteria) this;
        }
        public Criteria andAccountLike(String value) {
            addCriterion("account like", value, "account");
            return (Criteria) this;
        }
        public Criteria andAccountNotLike(String value) {
            addCriterion("account not like", value, "account");
            return (Criteria) this;
        }
        public Criteria andAccountIn(List < String > values) {
            addCriterion("account in", values, "account");
            return (Criteria) this;
        }
        public Criteria andAccountNotIn(List < String > values) {
            addCriterion("account not in", values, "account");
            return (Criteria) this;
        }
        public Criteria andAccountBetween(String value1, String value2) {
            addCriterion("account between", value1, value2, "account");
            return (Criteria) this;
        }
        public Criteria andAccountNotBetween(String value1, String value2) {
            addCriterion("account not between", value1, value2, "account");
            return (Criteria) this;
        }
        public Criteria andPasswordIsNull() {
            addCriterion("password is null");
            return (Criteria) this;
        }
        public Criteria andPasswordIsNotNull() {
            addCriterion("password is not null");
            return (Criteria) this;
        }
        public Criteria andPasswordEqualTo(String value) {
            addCriterion("password =", value, "password");
            return (Criteria) this;
        }
        public Criteria andPasswordNotEqualTo(String value) {
            addCriterion("password <>", value, "password");
            return (Criteria) this;
        }
        public Criteria andPasswordGreaterThan(String value) {
```

```java
        addCriterion("password >", value, "password");
        return (Criteria) this;
    }
    public Criteria andPasswordGreaterThanOrEqualTo(String value) {
        addCriterion("password > = ", value, "password");
        return (Criteria) this;
    }
    public Criteria andPasswordLessThan(String value) {
        addCriterion("password <", value, "password");
        return (Criteria) this;
    }
    public Criteria andPasswordLessThanOrEqualTo(String value) {
        addCriterion("password < = ", value, "password");
        return (Criteria) this;
    }
    public Criteria andPasswordLike(String value) {
        addCriterion("password like", value, "password");
        return (Criteria) this;
    }
    public Criteria andPasswordNotLike(String value) {
        addCriterion("password not like", value, "password");
        return (Criteria) this;
    }
    public Criteria andPasswordIn(List < String > values) {
        addCriterion("password in", values, "password");
        return (Criteria) this;
    }
    public Criteria andPasswordNotIn(List < String > values) {
        addCriterion("password not in", values, "password");
        return (Criteria) this;
    }
    public Criteria andPasswordBetween(String value1, String value2) {
        addCriterion("password between", value1, value2, "password");
        return (Criteria) this;
    }
    public Criteria andPasswordNotBetween(String value1, String value2) {
        addCriterion("password not between", value1, value2, "password");
        return (Criteria) this;
    }
    public Criteria andUserIdIsNull() {
        addCriterion("user_id is null");
        return (Criteria) this;
    }
```

```java
public Criteria andUserIdIsNotNull() {
    addCriterion("user_id is not null");
    return (Criteria) this;
}
public Criteria andUserIdEqualTo(Integer value) {
    addCriterion("user_id = ", value, "userId");
    return (Criteria) this;
}
public Criteria andUserIdNotEqualTo(Integer value) {
    addCriterion("user_id <>", value, "userId");
    return (Criteria) this;
}
public Criteria andUserIdGreaterThan(Integer value) {
    addCriterion("user_id >", value, "userId");
    return (Criteria) this;
}
public Criteria andUserIdGreaterThanOrEqualTo(Integer value) {
    addCriterion("user_id > = ", value, "userId");
    return (Criteria) this;
}
public Criteria andUserIdLessThan(Integer value) {
    addCriterion("user_id <", value, "userId");
    return (Criteria) this;
}
public Criteria andUserIdLessThanOrEqualTo(Integer value) {
    addCriterion("user_id < = ", value, "userId");
    return (Criteria) this;
}
public Criteria andUserIdIn(List < Integer > values) {
    addCriterion("user_id in", values, "userId");
    return (Criteria) this;
}
public Criteria andUserIdNotIn(List < Integer > values) {
    addCriterion("user_id not in", values, "userId");
    return (Criteria) this;
}
public Criteria andUserIdBetween(Integer value1, Integer value2) {
    addCriterion("user_id between", value1, value2, "userId");
    return (Criteria) this;
}
public Criteria andUserIdNotBetween(Integer value1, Integer value2) {
    addCriterion("user_id not between", value1, value2, "userId");
    return (Criteria) this;
```

```java
        }
        public Criteria andCreateTimeIsNull() {
            addCriterion("create_time is null");
            return (Criteria) this;
        }
        public Criteria andCreateTimeIsNotNull() {
            addCriterion("create_time is not null");
            return (Criteria) this;
        }
        public Criteria andCreateTimeEqualTo(Date value) {
            addCriterion("create_time = ", value, "createTime");
            return (Criteria) this;
        }
        public Criteria andCreateTimeNotEqualTo(Date value) {
            addCriterion("create_time <>", value, "createTime");
            return (Criteria) this;
        }
        public Criteria andCreateTimeGreaterThan(Date value) {
            addCriterion("create_time >", value, "createTime");
            return (Criteria) this;
        }
        public Criteria andCreateTimeGreaterThanOrEqualTo(Date value) {
            addCriterion("create_time > - ", value, "createTime");
            return (Criteria) this;
        }
        public Criteria andCreateTimeLessThan(Date value) {
            addCriterion("create_time <", value, "createTime");
            return (Criteria) this;
        }
        public Criteria andCreateTimeLessThanOrEqualTo(Date value) {
            addCriterion("create_time < = ", value, "createTime");
            return (Criteria) this;
        }
        public Criteria andCreateTimeIn(List < Date > values) {
            addCriterion("create_time in", values, "createTime");
            return (Criteria) this;
        }
        public Criteria andCreateTimeNotIn(List < Date > values) {
            addCriterion("create_time not in", values, "createTime");
            return (Criteria) this;
        }
        public Criteria andCreateTimeBetween(Date value1, Date value2) {
            addCriterion("create_time between", value1, value2, "createTime");
```

```
            return (Criteria) this;
        }
        public Criteria andCreateTimeNotBetween(Date value1, Date value2) {
            addCriterion("create_time not between", value1, value2, "createTime");
            return (Criteria) this;
        }
        public Criteria andUpdaateTimeIsNull() {
            addCriterion("updaate_time is null");
            return (Criteria) this;
        }
        public Criteria andUpdaateTimeIsNotNull() {
            addCriterion("updaate_time is not null");
            return (Criteria) this;
        }
        public Criteria andUpdaateTimeEqualTo(Date value) {
            addCriterion("updaate_time = ", value, "updaateTime");
            return (Criteria) this;
        }
        public Criteria andUpdaateTimeNotEqualTo(Date value) {
            addCriterion("updaate_time <>", value, "updaateTime");
            return (Criteria) this;
        }
        public Criteria andUpdaateTimeGreaterThan(Date value) {
            addCriterion("updaate_time >", value, "updaateTime");
            return (Criteria) this;
        }
        public Criteria andUpdaateTimeGreaterThanOrEqualTo(Date value) {
            addCriterion("updaate_time > = ", value, "updaateTime");
            return (Criteria) this;
        }
        public Criteria andUpdaateTimeLessThan(Date value) {
            addCriterion("updaate_time <", value, "updaateTime");
            return (Criteria) this;
        }
        public Criteria andUpdaateTimeLessThanOrEqualTo(Date value) {
            addCriterion("updaate_time < = ", value, "updaateTime");
            return (Criteria) this;
        }
        public Criteria andUpdaateTimeIn(List < Date > values) {
            addCriterion("updaate_time in", values, "updaateTime");
            return (Criteria) this;
        }
        public Criteria andUpdaateTimeNotIn(List < Date > values) {
```

```
            addCriterion("updaate_time not in", values, "updaateTime");
            return (Criteria) this;
    }
    public Criteria andUpdaateTimeBetween(Date value1, Date value2) {
            addCriterion("updaate_time between", value1, value2, "updaateTime");
            return (Criteria) this;
    }
    public Criteria andUpdaateTimeNotBetween(Date value1, Date value2) {
            addCriterion("updaate_time not between", value1, value2, "updaateTime");
            return (Criteria) this;
        }
    }
    public static class Criteria extends GeneratedCriteria {
            protected Criteria() {
                super();
            }
    }
}
*/
public static class Criterion {
        private String condition;
        private Object value;
        private Object secondValue;
        private boolean noValue;
        private boolean singleValue;
        private boolean betweenValue;
        private boolean listValue;
        private String typeHandler;
        public String getCondition() {
            return condition;
        }
public Object getValue() {
    return value;
}
public Object getSecondValue() {
    return secondValue;
}
public boolean isNoValue() {
    return noValue;
}
public boolean isSingleValue() {
    return singleValue;
}
public boolean isBetweenValue() {
```

```
                    return betweenValue;
            }
            public boolean isListValue() {
                    return listValue;
            }
            public String getTypeHandler() {
                    return typeHandler;
            }
            protected Criterion(String condition) {
                    super();
                    this.condition = condition;
                    this.typeHandler = null;
                    this.noValue = true;
            }
            protected Criterion(String condition, Object value, String typeHandler) {
                    super();
                    this.condition = condition;
                    this.value = value;
                    this.typeHandler = typeHandler;
                    if (value instanceof List <?>) {
                        this.listValue = true;
                    } else {
                        this.singleValue = true;
                    }
            }
            protected Criterion(String condition, Object value) {
                    this(condition, value, null);
            }
            protected Criterion ( String condition,  Object value,  Object secondValue,  String
    typeHandler) {
                    super();
                    this.condition = condition;
                    this.value = value;
                    this.secondValue = secondValue;
                    this.typeHandler = typeHandler;
                    this.betweenValue = true;
            }
            protected Criterion(String condition, Object value, Object secondValue) {
                    this(condition, value, secondValue, null);
            }
        }
    }

    package edu. agriculture. products. pojo;
```

```java
import java.util.Date;
public class BrowseRecord {
    private Integer id;
    private Integer userId;
    private Integer productId;
    private Date createTime;
    private Product product;
        public Product getProduct() {
      return product;
    }
    public void setProduct(Product product) {
        this.product = product;
    }
    public Integer getId() {
        return id;
    }
    public void setId(Integer id) {
        this.id = id;
    }
    public Integer getUserId() {
        return userId;
    }
    public void setUserId(Integer userId) {
        this.userId = userId;
    }
    public Integer getProductId() {
        return productId;
    }
    public void setProductId(Integer productId) {
        this.productId = productId;
    }
    public Date getCreateTime() {
        return createTime;
    }
    public void setCreateTime(Date createTime) {
        this.createTime = createTime;
    }
}
```

参考文献

1. 教育部高等学校教学指导委员会编.普通高等学校本科专业类教学质量国家标准.北京,高等教育出版社,2018.

2. 教育部高等学校软件工程专业教学指导委员会 C-SWEBOK 编写组.中国软件工程知识体系 C-SWEBOK. 北京,高等教育出版社,2015.

3. 教育部高等学校软件工程专业教学指导委员会编. 高等学校软件工程专业规范.北京,高等教育出版社,2011.

4. 骆斌,丁二玉 主编.南京大学软件工程专业本科教程. 北京,高等教育出版社,2009.